乡村振兴高素质农民培育教材

现代农业科普知识

郭正兵　杨淑莉　主编

中国农业大学出版社
· 北京 ·

内 容 简 介

本书以通俗的语言和问答的形式分四篇介绍现代农业各方面的知识。第一篇现代农业建设篇，主要介绍现代农业的特征、运行模式、生态农业、都市农业、家庭农场、有机农业、无土栽培等相关知识；第二篇现代农业产品篇，主要介绍农产品营销、农产品标准、农产品认证等相关内容；第三篇现代农业生产篇，重点介绍高效种植业、测土配方施肥、选用优良种苗、生物农药使用、农业机械选购和使用、高效养殖业等相关内容；第四篇现代农业服务篇，主要介绍农业社会化服务组织、农业技术推广服务体系、绿色证书制度等相关内容。

图书在版编目(CIP)数据

现代农业科普知识／郭正兵，杨淑莉主编．--北京：中国农业大学出版社，2024.1(2025.9重印)

ISBN 978-7-5655-3138-5

Ⅰ.①现… Ⅱ.①郭… ②杨… Ⅲ.①农业技术－普及读物 Ⅳ.①S-49

中国国家版本馆 CIP 数据核字(2024)第 011678 号

书　　名 现代农业科普知识

作　　者 郭正兵　杨淑莉　主编

策划编辑 张　玉　　**责任编辑** 许晓婧

封面设计 中通世奥图文设计

出版发行 中国农业大学出版社

社　　址 北京市海淀区圆明园西路 2 号　　**邮政编码** 100193

电　　话 发行部 010-62733489，1190　　读者服务部 010-62732336

编辑部 010-62732617，2618　　出 版 部 010-62733440

网　　址 http://www.caupress.cn　　**E-mail** cbsszs@cau.edu.cn

经　　销 新华书店

印　　刷 河北朗祥印刷有限公司

版　　次 2024 年 8 月第 1 版　　2025 年 9 月第 2 次印刷

规　　格 185 mm×260 mm　　16 开本　　6.75 印张　　168 千字

定　　价 29.00 元

编 写 人 员

主　编:郭正兵(江苏农林职业技术学院)

杨淑莉(江苏农林职业技术学院)

副主编:史红林(江苏农林职业技术学院)

戴有华(江苏农林职业技术学院)

参　编:徐孝宙(江苏农林职业技术学院)

谢春芹(江苏农林职业技术学院)

赵鹏程(江苏农林职业技术学院)

前　言

现代农业是关乎我国国计民生的战略产业，党的二十大擘画了以中国式现代化全面推进中华民族伟大复兴的宏伟蓝图。全面建设社会主义现代化国家，最艰巨最繁重的任务仍然在农村。党中央认为，必须坚持不懈把解决好“三农”问题作为全党工作重中之重，举全党全社会之力全面推进乡村振兴，加快农业农村现代化。强国必先强农，农强方能国强。要立足国情农情，体现中国特色，建设供给保障强、科技装备强、经营体系强、产业韧性强、竞争能力强的农业强国。农民是新农村建设的主体，农业强国建设的根本出路在于培养和造就高素质的新型农民。

为提高农民素质，本着建设生产发展、生活宽裕、乡风文明、村容整洁、管理民主的社会主义新农村和培养有文化、懂技术、会经营的新型农民的原则，我们编写了这部《现代农业科普知识》，向农民传授现代生活理念、现代科普知识、现代生活方式，提高农民的综合素质。本书选材贴近农民、农村生活实际，以农民看得懂、用得上、见实效为出发点，内容涵盖现代农业建设、现代农业产品、现代农业生产、现代农业服务四个方面。本书以图文并茂的形式并配以案例卡片、专家提示等栏目，轻松活泼，通俗易懂，科学性、实用性、指导性强。希望这部《现代农业科普知识》的出版能在提高农民整体素质上发挥作用，助力农村经济、文化更好发展。

在本书的编写过程中，虽几经修改，但由于编者水平有限，书中难免有疏漏或不当之处，敬请广大读者和专家批评指正。

编　者

2023 年 11 月

目　录

第一篇

现代农业建设篇

1. 什么是现代农业?

何谓现代农业？我国原国家科学技术委员会发布的中国农业科学技术政策，把现代农业的内涵分为三个领域来表述：产前领域，包括农业机械、化肥、水利、农药、地膜等领域；产中领域，包括种植业（含种子产业）、林业、畜牧业（含饲料生产）和水产业；产后领域，包括农产品产后加工、储藏、运输、营销及进出口贸易技术等。从上述界定可以看出，现代农业不再局限于传统的种植业、养殖业等农业部门，而是包括了生产资料工业、食品加工业等第二产业和交通运输、技术和信息服务等第三产业的内容，原有的第一产业扩大到第二产业和第三产业。现代农业成为一个与发展农业相关、为发展农业服务的产业群体。这个围绕着农业生产而形成的庞大的产业群，在市场机制的作用下，与农业生产形成稳定的相互依赖、相互促进的利益共同体。

因此，现代农业就是指广泛应用现代科学技术、现代工业提供的生产资料和科学管理方法的社会化农业。在按农业生产力的性质和状况划分的农业发展史上，是最新发展阶段的农业。相对于传统农业，现代农业正在向观赏、休闲、美化等方向扩延，假日农业、休闲农业、观光农业、旅游农业等新型农业形态也迅速发展成为与产品生产农业并驾齐驱的重要产业。与传统农业相比，现代农业的主要功能除了农产品供给以外，还具有生活休闲、生态保护、旅游度假、文明传承、教育等功能，满足人们的精神需求，成为人们的精神家园。

专家提示

现代农业所具备的生活休闲的功能是指从事农业不再是农民的一种传统的谋生手段，而是一种现代人选择的生活方式；旅游度假的功能是指出现在都市的郊区，以满足城市居民节假日在农村进行采摘、餐饮休闲的需要；生态保护的功能是指农业在保护环境、美化环境等方面具有不可替代的作用；文化传承的功能则是指农业还是我国五千年农耕文明的承载者，在教育孩子、发扬传统等方面可以发挥重要的作用（图 1-1）。

图 1-1　江苏农林职业技术学院现代农业园

2. 现代农业有什么特征?

从现代农业包括的内容和实现的途径来看，现代农业具备以下特点。

第一，具备较高的综合生产率，包括较高的土地产出率和劳动生产率。农业成为一个有较高经济效益和市场竞争力的产业，这是衡量现代农业发展水平的最重要标志。

第二，农业成为可持续发展产业。农业发展本身是可持续的，而且具有良好的区域生态环境。广泛采用生态农业、有机农业、绿色农业等生产技术和生产模式，实现淡水、土地等农业资源的可持续利用，达到区域生态的良性循环，农业本身成为一个良好的可循环的生态系统。

第三，农业成为高度商业化的产业。农业主要为市场而生产，具有很高的商品率，通过市场机制来配置资源。商业化是以市场体系为基础的，现代农业要求建立非常完善的市场体系，包括农产品现代流通体系。离开了发达的市场体系，就不可能有真正的现代农业。农业现代化水平较高的国家，农产品商品率一般都在90%以上，有的产业商品率可达到100%。

第四，实现农业生产物质条件的现代化。以比较完善的生产条件、基础设施和现代化的物质装备为基础，集约化、高效率地使用各种现代生产投入要素，包括水、电力、农膜、肥料、农药、良种、农业机械等物质投入和农业劳动力投入，从而达到提高农业生产率的目的。

第五，实现农业科学技术的现代化。广泛采用先进适用的农业科学技术、生物技术和生产模式，改善农产品的品质、降低生产成本，以适应市场对农产品需求优质化、多样化、标准化的发展趋势。现代农业的发展过程，实质上是先进科学技术在农业领域广泛应用的过程，是用现代科技改造传统农业的过程。

第六，实现管理方式的现代化。广泛采用先进的经营方式、管理技术和管理手段，从农业生产的产前、产中、产后形成比较完整的紧密联系、有机衔接的产业链条，具有很高的组织化程度。有相对稳定、高效的农产品销售和加工转化渠道，有高效率的把分散农民组织起来的体系和现代农业管理体系。

第七，实现农民素质的现代化。具有较高素质的农业经营管理人才和劳动力，是建设现代农业的前提条件，也是现代农业的突出特征。

第八，实现生产的规模化、专业化、区域化。通过实现农业生产经营的规模化、专业化、区域化，降低公共成本和外部成本，提高农业的效益和竞争力。

第九，建立与现代农业相适应的政府宏观调控机制。建立完善的农业支持保护体系，包括法律体系和政策体系。

专家提示

现代农业发展阶段的划分，是一个相对的概念，每一个阶段之间互相联系，不是截然分开的。我国农业农村部农村经济研究中心在制定指导全国的农业现代化指标体系时，制定了量化的阶段性标准，分别从农业外部条件、农业本身生产条件和农业生产效果三大方面着眼，将评价指标确定为十项：①社会人均国内生产总值；②农村人均纯收入；③农业就业占社会就业比重；④科技进步贡献率；⑤农业机械化率；⑥从业人员初中以上比重；⑦农业劳均创造国内生产总值；⑧农业劳均生产农产品数量；⑨每公顷耕地创造国内生产总值；⑩森林覆盖率。①～③项为农业外部条件指标，④～⑥项为农业生产本身条件指标，⑦～⑩项为农业生产效果指标。由于农业现代化是一个动态的概念，其评价的具体标准应随时间的推进而做相应的调整。

3. 现代农业与传统农业有什么区别?

现代农业的核心是科学化，特征是商品化，方向是集约化，目标是产业化。它所表现出来的特点，是与传统农业相对而言的。

(1)突破了传统农业的局限性

第一，突破了传统农业主要从事初级农产品原料生产的局限性。实现了种、养、加工、产供销、贸工农一体化生产，并且十分重视资源的合理利用和生态环境建设，农业的内涵得到了拓宽和延伸，农业的链条通过延伸更加完整，农业的领域通过拓宽，使得农工商结合得更加紧密。

第二，突破了传统农业远离城市或城乡界限明显的局限性。实现了城乡经济、社会一元化的发展，城市发展有赖于农村的支撑，农村发展也有赖于城市的支持。城乡统筹进行资源的优势互补，有利于城乡生产要素合理流动和组合。

第三，突破了传统农业的部门分割、管理交叉、服务落后的局限性。实现了按照市场经济体制和农村生产力发展要求，建立一个全方位的、权责一致的、上下贯通的农业管理和服务体系。

(2)突破了传统农业的封闭性　与传统农业以自给为主的取向和相对封闭的环境相比，现代农业是农民的大部分经济活动被纳入市场交易，农产品的商品率很高。完全商业化的“利润”成了评价经营成败的准则，生产完全是为了满足市场的需要。市场取向是现代农民采用新的农业技术、发展农业新功能的动力源泉。

(3)突破了传统农业的依赖性　传统农业主要依赖资源的投入，而现代农业则日益依赖不断发展的新技术投入，新技术是现代农业的先导和发展动力。这包括生物技术、信息技术、耕作技术、节水灌溉技术等农业高新技术，这些技术使现代农业成为技术高度密集的产业。这些科学技术的应用，一是可以提高单位农产品产量，二是可以改善农产品品质，三是可以减轻劳动强度，四是可以节约能耗和改善生态环境。新技术的应用，使现代农业的增长方式由单纯地依靠资源的外延开发，转到主要依靠提高资源利用率和持续发展能力的方向上来。

总之，现代农业是传统农业发展的必然，是一个全方位的变革，从国内外实践看，现代农业是持续地、广泛地应用现代科学技术、现代管理和现代工业装备的专业化、社会化、集约化产业。把生产、加工和销售，把产前、产后和产中相结合，把生产、生活和生态相结合的一体化的高效率和高效益的综合体。

温馨提示

传统农业依靠的是经验，而现代农业依靠的是科学。传统农业是现代农业的前身，随着发展的不断延续，现代农业又借鉴传统农业，根据发展趋势形成的产物，传统农业在种植技术上相对落后，但它毕竟在特定时期内承担着治国之本的重要地位，现代农业是传统农业不断追求完美、进步的结果，它没有尽头，永远都是开始。现代农业的发展直接影响社会各个方面的发展。

4. 为什么要发展现代农业?

有数据显示，我国人均耕地面积不到世界平均水平的40%，且中低产田占总面积的2/3以上；接受过系统职业技术教育的农民不足5%；农业劳动生产率仅相当于国内第二产业劳动生产率的1/8或第三产业劳动生产率的1/4左右。然而，我国农业不仅要解决十几亿人口的吃饭问题，还要满足工业原料不断加大的需求。据估算，粮食需求每年增长40～50 kg，而资源约束将更加突出。与此同时，农业还承担着农民增收、确保食品质量安全的任务。面对诸多挑战，传统的农业增长方式显然难以应对。因此，发展现代农业具有以下意义。

第一，只有发展现代农业，才能保障粮食安全。近三年来，我国粮食生产有三方面情况值得注意：一是总产虽然逐年增加，但是增幅越来越小。二是单产虽然逐年增加，但增幅不大，

2023 年全国粮食单位面积产量 390 kg/亩(1 亩≈667 m^2)，比 2022 年增加 2.9 kg/亩，增长仅为 0.8%，其中谷物单位面积产量 428 kg/亩，比 2022 年增加 2.7 kg/亩，增长 0.6%。三是种粮亩均纯收益不断下降，粮食增产增收潜力很有限，粮食增产增收的基础并不牢固。促进粮食生产稳定发展，一方面要稳定粮食面积，稳定、完善和强化农业的扶持政策；另一方面也必须从强化科技、完善设施、优化结构、转变方式、提高综合生产能力等方面入手，着力发展现代农业。实践表明，稳定粮食面积难度很大，扶持政策有限，不可能年年出台新政策，只有发展现代农业才是提高粮食综合生产能力、保障粮食安全的根本措施。

第二，只有发展现代农业，才能提高农业的国际竞争力。在国际统一大市场背景下，新农村建设不仅要有生产能力，还必须要有竞争力。国家发展现代农业的政策措施，将促进中国农产品国际竞争力的提高。而且，农产品出口以其特有的优势，在带动农村就业、增加农民收入、优化农业产业结构、推进现代农业建设方面发挥了重要作用，对解决“三农”问题意义重大。据测算，每 1 万美元的农产品出口，能直接和间接创造约 20 个就业岗位，以 2023 年的出口额计算，农产品出口共创造约 13 280 万个就业岗位。

第三，只有发展现代农业，才能不断增加农民收入。有调研表明，2005 年种植业收入仅相当于农民纯收入的 1/3，打工收入占 1/3，而且，非农收入比重越来越大。只有发展现代农业，才能使农民通过农业产业本身增加收入，稳定农业生产，促进农业发展，才能对国民经济高速发展起到支撑作用。

5. 我国现代农业有哪些运行模式?

在中国建设现代农业过程中，由于各地农业生态类型、自然资源条件和社会条件的差异，各地有着不同的探索。下面简要介绍各地探索建设现代农业的四种运行模式。

(1)外向型创汇农业模式　利用沿海地区的区域优势，采取相应政策吸收扶持龙头企业，重点发展优质种苗、特色蔬菜、优质花卉、名优水果、优质家禽和特种水产等资金和技术密集型农产品生产。生产和加工优质农产品出口，带动区域经济发展和农民增收。

(2)龙头企业带动型的现代农业开发模式　由龙头企业作为现代农业开发和经营主体，本着“自愿、有偿、规范、有序”的原则，采用“公司＋基地＋农户”的产业化组织形式，向农民租赁土地使用权，将大量分散在千家万户农民中的土地纳入企业的经营开发活动中。这是一种由龙头企业建立生产基地，在基地进行农业科技成果推广和产业化开发的运行模式。

(3)农业科技园的运行模式　由政府、集体经济组织、民营企业、农户、外商投资兴建，以企业化的方式进行运作，以农业科研、教育和技术推广单位作为技术依托，引进国内外高新技术和资金、各种设施，集成现有的农业科技成果，对现代农业技术和新品种、新设施进行试验和示范，形成高效农业园区的开发基地、中试基地、生产基地，以此推动农业综合开发和现代农业建设的运行模式(图 1-2)。

(4)山地园艺型农业模式　是立体型、多层次、集约化的复合农业，在充分考虑市场条件和资源优势的基础上，确定适合当地发展水平产业和项目，引进先进的技术成果与传统技术组装配套，待引进技术和品种试验成熟后，采取各种有效措施在当地推广。这种模式是我国的一些山区在发展水果产业，促进农民增收的实践中总结出来的(图 1-3)。

图 1-2　江苏句容现代农业科技示范园

图 1-3　江苏镇江丘陵山区现代农业

专家提示

现代农业的发展要立足“五理念”：①创新理念，创新是现代农业的核心，现代农业科技创新是现代农业创新的主体；②市场化理念，不仅大部分农产品成为上市的商品，而且进行农业生产所必需的各种生产要素也成为商品，农产品市场和农业生产要素市场空前发达；③集约化经营理念，现代农业本质上就是集约农业，根据区域差异而采取了不同的模式，有的要实施资本和技术集约，有的实行劳动和技术集约；④适度规模经营理念，现代农业客观上要求投入的生产要素——土地、劳动力、资金和管理技术，按一定的比例进行整合，达到最佳比例，产出效益最大；⑤标准化理念，现代农业是一种标准化农业，农业标准化融技术、经营、管理于一体，把农业科学技术推广应用科学化、规范化、系统化、程序化，已成为商品生产和农业科技推广的一种有效的形式。

6. 什么是生态农业？生态农业有什么特点？

生态农业是指在保护、改善农业生态环境的前提下，遵循生态学、生态经济学规律，运用系统工程方法和现代科学技术，集约化经营的农业发展模式，是按照生态学原理和经济学原理，运用现代科学技术成果和现代管理手段，以及传统农业的有效经验建立起来的，能获得较高的经济效益、生态效益和社会效益的现代化农业。它实际上是一个农业生态经济复合系统，将农业生态系统同农业经济系统综合统一起来，以取得最大的生态经济整体效益。它也是农、林、牧、副、渔各业综合起来的大农业，又是农业生产、加工、销售综合起来，适应市场经济发展的现代农业（图 1-4）。生态农业具有以下特点。

图 1-4　江苏句容郭庄镇农业生态园

（1）综合性　生态农业强调发挥农业生态系统的整体功能，以大农业为出发点，按“整体、协调、循环、再生”的原则，全面规划，调整和优化农业结构，使农、林、牧、副、渔各业和农村一、二、三产业综合发展，并使各业之间互相支持，相得益彰，提高综合生产能力。

(2)多样性　生态农业针对我国地域辽阔，各地自然条件、资源基础、经济与社会发展水平差异较大的情况，充分吸收我国传统农业精华，结合现代科学技术，以多种生态模式、生态工程和丰富多彩的技术类型装备农业生产，使各区域都能扬长避短，充分发挥地区优势，各产业都根据社会需要与当地实际协调发展。

(3)高效性　生态农业通过物质循环、能量多层次综合利用和系列化深加工，实现经济增值，实行废弃物资源化利用，降低农业成本，提高效益，为农村大量剩余劳动力创造农业内部就业机会，保护农民从事农业的积极性。

(4)持续性　发展生态农业能够保护和改善生态环境，防治污染，维护生态平衡，提高农产品的安全性，变农业和农村经济的常规发展为持续发展，把环境建设同经济发展紧密结合起来，在最大限度地满足人们对农产品日益增长的需求的同时，提高生态系统的稳定性和持续性，增强农业发展后劲。

7. 我国生态农业建设的内容主要有哪些？

中国生态农业建设的基本内容包括以下几个方面。

第一，充分利用太阳能，努力实现农业生产的物质转化。也就是利用绿色植物的光合作用，不断提高太阳能的转化率，加速物流和能流在生态系统中的运动过程，不断提高农业生产力。

第二，提高生物能的利用率和废物的循环转化。这里所说的废物主要是指作物秸秆、人畜粪便、杂草、菜屑等。对于这些废物，传统的处理方法是直接烧掉或作为肥料直接肥田，这实际上是一种浪费。如果把作物秸秆等用来发展畜牧业，用牲畜粪便制沼气，既为农村提供了饲料和能源，又为农业生产增加了肥源。

第三，开发农村能源。解决农村能源问题应当因地制宜，采取多种途径，除采用供电、供煤等途径外，还可以兴建沼气池，推广节柴灶，利用风能、水能、太阳能、地热能等，改变靠砍树来解决烧饭燃料问题的做法。

第四，保护、合理利用和增殖自然资源。要保护森林，控制水土流失，保护土壤，保护各种生物种群。

第五，防治污染，使农业生产拥有一个良好的生态环境。

第六，建立农业环境自净体系，主要措施有扩大绿色植被覆盖面积，修建大型氧化塘，保护天敌等有益野生生物，推广生物防治。

专家提示

生态农业建设不仅涉及农业、农村和农民问题，而且更直观地涉及农业生态安全、农业结构调整等重大问题，涉及生态建设区域广大农业生产者的切身利益，它的效果直接反映出农业区域性的经济效益差异，影响社会稳定及区域性的农业发展基础。因此，在生态农业建设的实践中，应该按照可持续发展的要求，树立以提高和维护生态质量、生态稳定性为中心的、不同的生态安全观。从社会效益、生态效益和经济效益三者并重相结合的角度，把农业生态经济建设放在重要位置，通过多种途径推动生态经济化建设，实现生态农业建设的社会效益、生态环境效益和经济效益的“三赢”战略。

8. 江苏省生态农业发展现状如何?

江苏省从 20 世纪 80 年代初开始进行生态农业试点工作,40 多年的实践证明生态农业建设已成为江苏农业持续、稳定发展,实现高产、优质、高效的一条重要途径,同时也涌现出一批实施效果良好的典型模式。总结江苏省生态农业建设工作和目前农业生态环境工程现状调查,可以归纳为以下三方面特点。

(1)生态农业备受人们重视,这对发展江苏农村经济、保护农村生态环境等方面产生了重大的影响,实现了农村经济发展与农村生态环境保护、自然资源合理利用以及解决农村能源短缺问题三方面的结合。

(2)江苏省各个生态市(县)农业生态环境工程建设取得了良好的社会效益、经济效益以及生态环境效益,为实现农业可持续发展打下了坚实的基础。各地涌现出大量新的生态环境工程模式,逐渐形成了农、林、牧、副、渔一体化;种、养、加一体化;城乡一体化;社会、经济、生态环境一体化的现代综合农业新格局。

(3)江苏省各个生态市(县)开展农业生态环境工程建设以来,进行了农村生态环境的治理及能源综合建设,使生态环境从恶性循环向良性循环转变,绿色植被率、土壤理化性能及有机质含量得以提高,进一步增强农业生态经济系统的生产能力。以农业废弃物资源化为中心的物质多层次循环利用工程,以及采取农牧结合或农林复合系统的优化组合,提高了农业系统自我维持能力及其生态稳定性,基本实现了农业高效、持续发展的良性循环。

9. 江苏省目前生态农业运行的模式有哪些?

为进一步促进生态农业的发展,2002 年农业部向全国征集到了 370 种生态农业模式或技术体系,通过专家反复研讨,遴选出经过一定实践运行检验,具有代表性的十大类型生态模式,并正式将这十大类型生态模式作为今后一个时期农业部的重点任务加以推广。目前在江苏推广应用较为成熟的生态农业模式有四种。

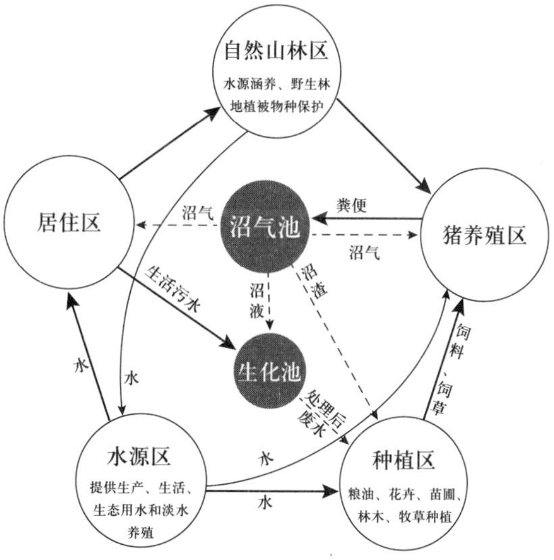

图 1-5　“猪—沼—果”生态模式

(1)句容市“猪—沼—果”生态模式　利用山地、农田、水面、庭院等资源,采用“沼气池、猪舍、厕所”三结合工程,围绕主导产业,因地制宜开展“三沼(沼气、沼渣、沼液)”综合利用,从而实现对农业资源的高效利用和生态环境建设、提高农产品质量、增加农民收入等效果(图 1-5)。果园(或蔬菜、鱼池等)面积、生猪养殖规模、沼气池容积必须合理组合。该模式基本要素为“户建一口池,人均年出栏两头猪,人均种好一亩果”,所涉及的技术有:猪舍建造技术、沼气池工程建设技术、贮肥池建设技术、水利配套工程技术等;主要运作方式是沼气用于农户日常做饭照明,沼肥(沼渣)用于果树或其他农作物，沼液用于拌饲料喂养生猪，果园可以套种蔬菜和饲料作物，从而保证了育肥猪的饲料供给。农户除养猪外，还包括养牛、养鸡等养殖业；果业也可包括粮食、蔬菜、经济作物等种植业；核心技术是养殖场和沼气池的建造及其管理技术、果树(蔬菜、鱼池等)种植和管理等。

(2)江阴市农作物秸秆综合利用还田工程模式　农作物秸秆直接还田，使作物秸秆中丰富的营养物质还田后补充土壤养分，改善土壤的理化性状和通透性，有利于农作物生长发育，增加产量。而秸秆覆盖具有保墒、保温、保湿等作用。此外，通过留高茬、稻麦套播等技术实现秸秆全量还田，利用率高，效果好。据测定，连年秸秆还田有机质增幅达 0.22%～0.48%，增加作物抗病虫能力，减少了化肥、农药的使用量，有效改良了土壤的生态环境。同时，农作物产量逐年上升，成本逐年下降(图 1-6)。

图 1-6　农作物秸秆还田现场

(3)赣榆区“四种、四养、四过腹”农业生态工程模式　是一种以沼气为纽带的食物链循环、农村适用的技术体系。“四种”即种农作物、果树、牧草、食用菌；“四养”即养牛、养鸡、养猪、养鱼；“四过腹”即牛粪喂鱼，鸡粪喂猪、喂牛，猪粪进沼气池，沼气水进鱼塘或喂猪、浇地、浸种等，沼渣肥田、种食用菌(图 1-7)。这一模式的关键环节是鸡粪喂猪。鸡粪喂猪是将鸡粪经过消毒除臭、高温发酵等方法处理后，按 32%～38%的比例加入饲料，在仔猪体重达 35～50 kg 后饲喂，一般 40～50 只鸡可供一头猪的鸡粪饲料，可节约成本 25%左右，即每头猪可降低成本 40～50 元。如果改变配料比例和喂养方法，鸡粪配合饲料还可以养鱼、养牛、养羊等。

“四种、四养、四过腹”农业生态工程模式不仅使物质和能量循环与再生利用，效益提高，而且其操作性强，实现了社会效益、经济效益、生态效益统一的目的。

(4)无锡江阴奶牛场污染零排放生态治理工程模式　该模式是依据食物链原理以及物质的不断循环与再生原理设计而成。通过牧草养牛，直接产出牛奶、牛肉、牛皮产品；牛尿直接肥草，牛粪经蚯蚓分解与蚯蚓排泄物一起为牧草提供优质有机肥料。与此同时，大量的蚯蚓不仅为奶牛提供高蛋白饲料，而且成为许多药物、营养品的原料。种草养牛是农业产业结构中的重点，牛奶产品是人们的理想食品。一般每亩牧草饲养一头奶牛，每年可产奶 5 t，扣除生产成本，净收益可达 3 000 元，通过物质循环与再生利用，还可增加间接收益 3 000 元。同时，牧草发达的根系能够有效防止水土流失，保护生态环境。这一工程项目的实施，形成了物质、能源的良性循环，取得了三个效益的统一，尤其在太湖地区对总体上控制农业能源资源污染具有重要意义(图 1-8)。

图 1-7　饲养过腹

图 1-8　江阴华甸污染零排放牛奶厂

10. 什么是生态家园？生态家园有什么特点？

生态家园是指以农村户为单元，从最基本的生产生活内部着手，挖掘庭园生产经营潜力，充分利用农村各类再生能源，改土建园，改善家居生活、生产条件，保护建设生态环境，发展庭园生态经济，提高农民生产水平、生活质量，促进农民增收，农业和农村经济稳定持续发展的生态农业模式。这种模式的核心就是组织农户参与生态农产品生产，成立农业合作社，与农户进行餐饮合作、农家乐合作、休闲度假、乡村观光、旅游合作等，配合农民养殖、种植和销售，与农民共同承担投资风险，并提供乡村生态环境供城市居民旅游度假、休闲、养老等服务（图 1-9）。

图 1-9　江苏句容天王镇生态家园

生态家园农业模式没有固定的经营“套路”，最值得称道的是注重环保，提倡健康生产、生活方式。一切农活都是手工操作；禁止使用化肥、农药以及除草剂、催熟剂，是消费者为了寻找安全的食物，与那些希望生产有机食品并建立稳定客源的农民达成供需协议，并直接由农场送上门。生态家园建设具有显著的特点：一是以人为本，从农民最关心的家园建设入手，重视改变他们的最基本的生产生活条件，围绕人的需求，为了人的利益，实现人的发展；二是强化综合，通过对农户家园沼气池、畜禽舍、日光温室等多项农村能源技术和种植、养殖技术的优化组合，综合开发，实现集约化发展；三是循环再生，通过以沼气为纽带的能源生态模式的推广，形成种植业生产、养殖业消费、微生物分解的生态循环，实现生态与富民的协调；四是注重实效，大力推广适用技术、成熟技术，通过典型带动、效益吸引，增强富民建设的主动性；五是着眼大局，从小处着手，以微观系统的生态良性循环来促进宏观系统的生态环境改善，兼顾国家生态利益和农民长久生计。

小贴士

生态家园提倡本地生产、新鲜消费。主要是为会员提供多种季节性的传统农产品和蔬菜，使会员几乎一年四季都可吃到健康食品，并且提供乡村生态环境供城市居民度假、休闲、养老等，致力为社区各类商会、同乡会、俱乐部、商业聚会等服务。

11. 什么是现代农业中的可持续性发展农业？

现代农业是在吸收“石油农业”教训的基础上发展起来的。20 世纪 80 年代中期美国等首先提出可持续发展农业，所谓可持续发展农业，即“环境不退化，资源永续利用，技术上适当，经济上可行，不仅满足当代人们的生活需要，而且可以保证世世代代人们生存与发展的需求”。它强调生产与环境并重、当前与长远并重，采用适当的经济技术生产体系，不搞掠夺式经营。可持续发展的核心是发展，前提是发展与人口、资源、环境的协调，两者相辅相成。现代农业是以生产、生态、生息为目标的可持续产业，它强调资源节约、环境零害的绿色性，现代农业担负着维护与改善人类生活质量和生产环境的使命。现代农业在发展农业经济以实现经济增长的同时，切实注意保护自然资源和生态环境，做到农业的可持续性发展，使经济增长与环境质量改善实现协调发展。可持续发展已经成为世界性发展战略和现代农业发展的客观趋势和根本要求。

因此，可持续发展农业可概括为：通过重视可更新资源的利用，更多地依赖生物措施，合理的化学能投入，在发展农业生产力的同时，保持资源、改善环境和提高食物质量，以实现农业可持续性。其主要特点是把产量、质量、效益与环境结合起来考虑，是在不破坏资源与环境、不损害后人利益的条件下，允许合理的化学能投入，以实现当代人对农产品供求平衡的农业持续发展。

12. 如何保证农业的可持续性发展？

要使现代农业的发展实现可持续性发展，必须从以下几个方面着手解决。

(1)加强农业基础地位，加大对粮食生产支持力度。按照统筹城乡发展要求，切实加大“三农”投入力度，重点加强农田水利、农业综合开发和农村基础设施建设，引导各种生产要素、资源合理配置，努力提高农业综合生产能力，尽快改变农业基础设施薄弱的局面；通过结构优化增收，继续搞好农产品优势区域布局规划和建设，加大力度支持粮食生产发展，推进农产品精加工和深加工，形成农业增效、农民增收的良性互动格局。

(2)大力培植特色优势产业，不断壮大农业龙头企业。一是充分发挥区域优势，做大做强特色农业。要分类施策，重点推进，扩大发展观光农业、设施农业、品牌农业等新兴产业，形成规模开发效益。重点以优质商品粮和特色农产品建设为突破口，努力强化农业科技支撑，推进现代农业产业升级。二是要围绕全市农业生产的区域化布局，立足优势，加快农业产业带建设，推行规模化、标准化、集约化生产，增强辐射带动能力。三是发展壮大一批农产品深加工企业，促进农产品转化增值，进一步提升农业产业化水平，提高农业生产效益。四是要大力发展绿色农业，以市场需求为出发点，以提高效益为落脚点，推进农业标准化生产，全面提高农业整体素质。

(3)规范农资市场管理。农用生产资料价格的上涨，已经在很大程度上消减了各项补贴和粮食价格上涨给农民带来的实惠。因此，必须采取措施加大对化肥等农业生产资料出厂价和流通环节的监管调控力度，以进一步稳定农业生产资料价格，降低生产成本，严厉打击制售伪劣农业生产资料的行为，严格控制农业生产资料价格成本和市场定价，真正让农民得到实惠，切实保护农民利益。有关部门要充分规范监督机制，规范农业生产资料市场，加强对农业生产资料供应、价格、质量等问题的监管力度，降低农民经营风险和生产成本，同时引导农民多施农家肥。

(4)继续加大对农业的投入和对农民的补贴，进一步优化农业产业结构，全面提高农业综合生产能力。严格按照政策规定，将粮食“两补”资金、农资综合直补资金、退耕还林补贴资金及其他惠农资金发放到位。积极、稳妥地搞好结构调整，全面推进农业增长方式由外延扩增向优化结构转变，积极发展特色农业，注重引进优良新品种，提高农产品的科技含量，增强市场竞争力。

(5)组织引导农民搞好秋季农作物田间管理。加强病虫害防治，积极应对灾害性天气的影响，积极推广实用技术，开展技术培训与指导，组织农村经济合作组织做好农产品的销售工作，提供优质服务，确保秋季农作物稳产高产，农业可持续发展。

小贴士

农业发展的可持续性本质就是指经济可持续性发展、社会可持续性发展、资源可持续性发展、环境可持续性发展、全球可持续性发展。任何行业的发展必须建立在加强能源资源节约和生态环境保护，增强可持续发展能力基础上。坚持节约资源和保护环境的基本国策，关系人民群众切身利益和中华民族生存发展。必须把建设资源节约型、环境友好型社会放在工业化、现代化发展战略的突出位置，落实到每个单位、每个家庭。要完善有利于节约能源资源和保护生态环境的法律和政策，加快形成可持续发展体制机制。落实节能减排工作责任制。开发和推广节约、替代、循环利用和治理污染的先进适用技术，发展清洁能源和可再生能源，保护土地和水资源，建设科学合理的能源资源利用体系，提高能源资源利用效率。发展环保产业。加大节能环保投入，重点加强水、大气、土壤等污染防治，改善城乡人居环境。加强水利、林业、草原建设，加强荒漠化、石漠化治理，促进生态修复。加强应对气候变化能力建设，为保护全球气候做出新贡献。

13. 什么是都市农业？都市农业有什么功能？

都市农业的概念，是20世纪五六十年代由美国的一些经济学家首先提出来的。它是指在都市化地区，利用田园景观、自然生态及环境资源，结合农林牧渔生产、农业经营活动、农村文化及农家生活，为人们休闲旅游、体验农业、了解农村提供场所。换言之，都市农业是将农业的生产、生态、生活等“三生”功能结合于一体的产业(图1-10)，它具备以下一些功能。

图1-10　江苏句容都市农业园

(1)生产功能，也称经济功能。通过发展都市地区生态农业、高科技农业和可持续发展农业，为都市居民提供新鲜、卫生、安全的农产品，以满足城市居民食物消费需要。

(2)生态功能，也称保护功能。农业作为绿色植物产业，是城市生态系统的组成部分，它对保护自然生态，涵养水源，调节微气候，改善人们生存环境有重要作用。

(3)生活功能,也称社会功能。农业作为城市文化与社会生活的组成部分,通过农业活动提供市民与农民之间的社会交往和精神文化生活的需要,如观光休闲农业和农耕文化与民俗文化旅游。

(4)体验参与功能。在城市中心及周边地带搞体验参与、采摘一体的活动园区非常有意义。把农作物的栽培展示出来,让城市人,特别是孩子们知道小麦、水稻、瓜果、蔬菜等农作物是怎么生长的,让他们更加理解和尊重生命的过程,更加热爱大自然。

总之,都市农业的功能主要是:充当城市的藩篱和绿化隔离带,防止市区无限制地扩张和摊大饼式地连成一片;作为“都市之肺”,防治城市环境污染,营造绿色景观,保持清新、宁静的生活环境;为城市提供新鲜、卫生、无污染的农产品,满足城市居民的消费需要,并增加农业劳动者的就业机会及收入;为市民与农村交流、接触农业提供场所和机会;保持和继承农业和农村的文化与传统,特别是发挥教育功能。

专家提示

都市农业与城郊农业有一定区别,虽然二者都是依托城市、服务城市、适应城市发展要求,纳入城市建设发展战略和发展规划建设的农业。但城郊农业主要是为城市供应农副产品,满足城市商品性消费需要为主,发展水平相对较低,位置居于城市周边地区。而都市农业是为满足城市多方面需求服务,尤以生产性、生态性、生活性功能为主,是多功能农业。都市农业发展水平较高,位置在大城市地区,可以环绕在市区周围的近郊,也可能镶嵌在市区内部。根据目前的经验分析,只要大城市人均 GDP 达到 2 000～3 000 美元的时候,就可能进入了都市农业阶段。

14. 什么是“三色农业”?

“三色农业”提出的背景与生态农业、持续农业的产生背景类似,即伴随现代工业技术飞速发展,机械、化肥、农药、除草剂在农业生产中大量使用,强有力地提高了土地生产率,在一定程度上满足了人口膨胀对粮食的需求,但同时也带来了环境污染、能源短缺、耕地退化、病虫害加重、生态失衡、成本增加、收益下降等副作用,使发达国家农业的持续发展面临非常严重的困境。在这种情况下,发达国家纷纷寻求农业发展的出路,出现了生态农业、持续农业等理论和实践。与此同时,中国学者包建中先生于 1986 年提出了“发展高科技创建‘三色农业’——绿色农业、白色农业、蓝色农业”的新论点。从此,“三色农业”引起了人们的广泛关注。

众人皆知,传统农业是一个由植物、动物资源组成的“二维结构”农业,农业的主要特征是开发利用生物资源。依据生态学观点,地球上生物资源是由植物、动物和微生物三大类生物组成的,其中植物是生产者,动物是消费者,微生物是分解还原者,从而形成地球生物圈的良性循环。传统农业向现代农业转变,必然要走向由植物、动物、微生物资源组成的“三维结构”新型农业。同时,必然转向由陆地生物资源的开发利用向占地球面积 71%海洋水生生物资源的开发进军,创建陆地、水域并举的新型农业。

我国的国情是人多地少,利用不可再生的土地资源进行粗放型农业生产的模式已不适合现代农业经济发展的要求。发展“三色农业”才是我国正确的现代农业发展之路。抓住机遇、抢占先机,大力发展“三色农业”,这将是人类历史上具有划时代意义的伟大变革。21 世纪中国新农业呈现出绿色“露天农业”与白色“工厂农业”并存；绿色、白色“陆地农业”与蓝色“水生农业”共兴的多相形态农业生产新局面。湛蓝天下，山清水秀，江河壮丽，神州大地万象更新，草木如茵，花果成林，一个繁荣、富强、文明、美丽的中国将屹立于世界的东方！

15. “三色农业”包括哪些内容？

“三色农业”，是指绿色农业、白色农业和蓝色农业。其具体内容分述如下。

（1）绿色农业　指传统的种植业，以水土为基础，并且具有充分的热量条件。绿色农业的发展方向是利用农业技术和可持续发展技术发展生产，实现高效的物质能量循环和生产资料的加工和转换，保持环境、生态与经济协调发展（图 1-11）。

绿色农业的根本任务是在提供营养安全的农产品的同时，还肩负着改善和保护生态环境的作用。首先，绿色农业必须确保农产品安全，产品安全主要包括数量安全和质量安全。其次，绿色农业必须确保生态安全。生态系统中的能量流和物质循环在通常情况下总是基本平稳地进行着，与此同时，生态系统的结构也保持相对的稳定状态，称为生态环境平衡，常叫生态平衡。绿色农业要使生态环境逐渐恢复平衡，农业生产能够永续发展。

（2）白色农业　是以蛋白质工程、细胞工程和酶工程为基础，以基因工程全面综合组建的工程农业。由于它是在高度洁净的工厂内进行生产，工作人员都穿戴白色工作服从事劳动，所以形象地称之为“白色工程农业”（图 1-12）。微生物生产的蛋白质比一般植物蛋白质的质量高，营养价值超过动物蛋白。我国农作物秸秆每年约有 5 亿 t，如用 1 亿 t 通过微生物发酵变成饲料，则可得相当于 400 亿 kg 的饲料粮，是我国每年饲料粮用量的 50%。微生物工业生产是节约土地型工业。一座年产 10 万 t 单细胞蛋白质的微生物工厂，能生产出相当于 180 万亩耕地生产的大豆蛋白，或 3 亿亩草原养牛所生产的动物蛋白。随着科学技术的进步和人民生活水平的提高，传统的绿色农业难以满足日益增长的需要，必须摒弃单靠绿色露天植物生产的模式，创建“白色工程农业”。

图 1-11　绿色农业

图 1-12　白色农业加工厂

（3）蓝色农业　指向大海要粮，是中国农业发展的出路之一。将海洋种植业、养殖业、捕捞业形象地喻为“蓝色农业”，它的最终目的就是开发食用蛋白质。我国 18 000 km 的海岸线，仅大陆海岸线 200 m 内的近海可开发利用的至少就有 22 亿亩。据目前研究测算，两亩近海面积相当于陆地的一亩良田，这 11 亿亩“蓝色良田”正等待我们去开发利用。因此，必须要由单纯的捕捞转向养殖和耕种。专家们提出的主要对策是,抓好资源开发利用,加强海水和内陆河湖的养殖业以及低洼地、荒滩、荒水、稻田养鱼的开发,还要抓好渔港、良种、原种场的利用和病虫害防治,并开发外向型渔业,增加水产品科技含量更是实现水产品发展目标的重要保证。

专家提示

各地发展绿色农业需要注意以下几点:一是在一个模式中采取多物种与主物种相结合的方式,形成物种的合理竞争,充分利用单位空间的各种能源;二是在空间分配上对物种的搭配形式和密度做到合理、适度,进而提高时间的利用长度;三是在生产结构上按照能量转化和物质循环规律进行,通过延长或完善食物链,增加营养级,以提高模式的能量转化和物质循环的效率。如果能做到由一熟变两熟,变农闲为农忙,庭院种植、养殖和加工的一体化则可有利于解决农村剩余闲散劳动力的转移问题;四是技术方面发挥各种技术措施的科学组合,形成机械技术和手工技术相结合,有机农业技术和无机农业技术相结合的农业系统,实现长远的生态效益与经济效益的有机统一,形成宜林则林,宜牧则牧,宜水则水,宜观光旅游则发展旅游的高效农业群。

16. 什么是现代农业标准化生产?

标准化是指在一定范围内获得最佳秩序,对实际的、潜在的问题制定共同的、重复的、规则的活动。农业标准化生产是以农业为对象的标准化活动,即运用“统一、简化、协调、选优”原则,通过制定和实施标准,把农业生产的产前、产中、产后各个环节纳入标准生产和标准管理的轨道。农业标准化生产是农业现代化建设的一项重要内容,是“科技兴农”的载体和基础。它通过把先进的科学技术和成熟的经验组装成农业标准,推广应用到农业生产和经营活动中,把科技成果转化为现实的生产力,从而取得经济、社会和生态的最佳效益,达到高产、优质高效的目的。它融先进的技术、经济、管理于一体,使农业发展科学化、系统化,是实现新阶段农业和农村经济结构战略性调整的一项十分重要的基础性工作。

农业标准化是一项系统工程,其基础是农业标准体系、农业质量监测体系和农产品评价认证体系建设。这三大体系中,农业标准体系是基础中的基础,只有建立健全涵盖农业生产的产前、产中、产后等各个环节的标准体系,农业生产经营才有章可循、有标可依;农业质量监测体系是保障,它为有效监督农业投入品和农产品质量提供科学的依据;农产品评价认证体系则是评价农产品状况,监督农业标准化进程,促进品牌、名牌战略实施的重要基础体系。农业标准化工程的核心工作是标准的实施与推广、标准化基地的建设与蔓延,由点及面逐步推进,最终实现生产的基地化和基地的标准化。同时,这项工程的实施还必须有完善的农业质量监督管理体系、健全的社会化服务体系、较高的产业化组织程度和高效的市场运作机制作保障。

小贴士

农业标准化生产和农业产业化是不同概念。农业产业化是指使农业市场成为一条产业链,相互依托,共同发展。但是农业标准化生产是在原有的农业基础和理论基础上相对的标准化。某些时候,在农业产业化的基础上可以标准化,标准化的概念和理论延伸更远、更深,它包括农业产业化的过程、农业市场的规范、农业的管理模式等都需要标准化。

17. 什么是现代农业中的精准农业?

精准农业是当今世界农业发展的新潮流,是由信息技术支持的根据空间变异、定位、定时、定量地实施一整套现代化农事操作技术与管理的系统,其基本含义是根据作物生长的土壤性状,调节对作物的投入,即一方面查清田块内部的土壤性状与生产力空间变异,另一方面确定作物的生产目标,进行定位的"系统诊断、优化配方、技术组装、科学管理",调动土壤生产力,以最少的或最节省的投入达到同等收入或更高的收入,并改善环境,高效地利用各类农业资源,取得经济效益和环境效益(图 1-13)。

图 1-13　精准农业

精准农业由十个系统组成,即全球定位系统、农田信息采集系统、农田遥感监测系统、农田地理信息系统、农业专家系统、智能化农机具系统、环境监测系统、系统集成、网络化管理系统和培训系统。下面介绍其中部分系统。

(1)全球定位系统　精准农业广泛采用 GPS 系统用于信息获取和实施的准确定位,即所谓"差分校正全球卫星定位技术"。它的特点是定位精度高,根据不同目的可自由选择不同精度的 GPS 系统。

(2)农田遥感监测系统　遥感技术是精准农业田间信息获取的关键技术,为精准农业提供农田小区内作物生长环境、生长状况和空间变异信息的技术要求。

(3)农田地理信息系统(GIS)　精准农业离不开 GIS 技术支持,它是构成作物精准管理空间信息数据库的有力工具,田间信息通过 GIS 系统予以表达和处理。

(4)农业专家系统　是一种以先进的计算机技术和信息处理技术为支撑,以专家知识为主导,具有自主思考能力和机器推理、决策能力的复杂系统。它能够在规定的范围内模拟人类专家的智力来解决具有复杂模糊性、特异性、多学科、非结构化等特点的农业性问题。

(5)智能化农机具系统　如带产量传感器及小区产量生成图的收获机械;自动控制精密播种、施肥、洒药机械等。

(6)环境监测系统　主要是田间肥力、墒情、苗情、杂草及病虫害监测及信息采集处理技术。

专家提示

精准农业的核心是建立一个完善的农田地理信息系统(GIS),可以说是信息技术与农业生产全面结合的一种新型农业。精准农业并不过分强调高产,而主要强调效益。它将农业带入数字和信息时代,是 21 世纪农业的重要发展方向。

当前,我国面临农业资源匮乏、农田环境污染严重的问题。加入 WTO 后,农业市场竞争激烈,因此,在我国实施精准农业示范和研究工作具有重要的战略意义。在由国家计委和北京市政府立项实施的小汤山(位于北京市昌平区小汤山现代科技示范园内)精准农业示范工程项目中,项目承担单位北京农业信息技术研究中心及合作单位率先开展了大规模、高水平的试验和探索。

18. 如何做到现代农业信息化?

农业信息化是一个内涵深刻、外延广泛的概念,其基本含义是指信息及知识越来越成为农业生产活动的基本资源和发展动力,信息和技术咨询服务业越来越成为整个农业结构的基础产业之一,以及信息和智力活动对农业增长的贡献越来越大的过程。总之,农业信息化的概念应该是,不仅包括计算机技术,还应包括微电子技术、通信技术、光电技术、遥感技术等多项信息技术在农业上普遍而系统应用的过程。从另外意义理解,农业信息化是指培育和发展以智能化工具为代表的、新的生产力,并使之促进农业发展,造福于社会的历史过程。

“十四五”期间,农业部门推进农业生产经营信息化作为重点来抓,充分利用包括物联网、云计算和5G等现代信息技术进行精准施肥、智能灌溉等,同时积极组织研发、集成农业适用的电子信息技术,以实现对农业生产过程的信息化管理。围绕包括农产品专业批发市场、农业专业合作社的需求,建设农产品经营信息服务平台,完善电子商务远程交易,提高信息化对农业的装备和引导能力。同时,农业部门还在信息服务上狠下功夫,在充分利用“12316”等“三农”综合信息服务平台的基础上,积极推动创建中国农业网络电视、手机报等新型服务方式,不断创新,整合信息资源,建设一个上下互通的农业信息服务平台,着力抓好农业信息监测预警和发布,及时收集和整理国内外农业的各项指标信息,从宏观和全局的角度更深入地分析研判,为宏观决策服务,力促大市场、大流通、大生产格局的形成。

专家提示

在谈到现代化指标时,往往把信息化程度作为一项衡量现代化水平的重要指标来看待。信息化指数的高低也就反映了该地区、该行业的信息化水平,发展农业信息化产业也就不能不建立农业信息化指标体系,农业信息化指标体系主要由以下几部分构成。

信息量:包括单位面积内人口的通话次数、E-mail数、信函数、报刊数、网上信息数、因特网点数等。

信息装备:包括单位面积内人口的电话机数、电视机数、计算机数、上网微机数等。

信息主体水平:如单位面积内人口中的第三产业人口数、大学生数、信息从业人员数、上网人数等。

信息消费:如个人、单位或集团消费中信息消费的绝对值和相对值等。

19. 什么是休闲农业?

休闲农业是利用农业景观资源和农业生产条件,发展观光、休闲、旅游的一种新型农业生产经营形态。也是深度开发农业资源潜力,调整农业结构,改善农业环境,增加农民收入的新途径。在综合性的休闲农业区,游客不仅可观光、采摘、体验农作、了解农民生活、享受乡土情趣,而且可住宿、度假、游乐。

2005年10月,中国共产党十六届五中全会通过《中共中央关于制定国民经济和社会发展第十一个五年规划的建议》,提出要按照“生产发展、生活富裕、乡风文明、村容整洁、管理民主”的要求,扎实推进社会主义新农村建设。在新农村建设中,休闲农业作为新型农业发展模式,在全国各地,特别是距离城市较近的交通方便的县、镇、村开展起来。

休闲农业是利用农村设备与空间、农业生产场地、农业产品、农业经营活动、自然生态、农业自然环境、农村人文资源等，经过规划设计，以发挥农业与农村休闲旅游功能，增进民众对农村与农业的体验，提升旅游品质，并提高农民收益，促进农村发展的一种新型农业。

20. 休闲农业有哪些类型?

(1)休闲观光型　休闲农业在20世纪中后期大量出现，主要特征就是出现了大量具有观光职能的农园。农园内的活动以观光为主，并结合购、食、游、住等多种方式经营，主要以观光农场和人造公园为主。例如，日本岩水县小岩井农场，美国费城白兰地山谷中的长木花园、法国的葡萄酒酿造农庄等(图1-14)。

图1-14　休闲观光型农业

(2)参与劳作度假型　随着人们旅游需求的转变，观光农园也相应地改变了其单纯观光的性质，加强了游客的参与性(图1-15)。如日本，新潟县大和町的旅游者和当地农民一起下田劳动，享受插秧、割稻之乐；青森县牧场组织旅游者去草场放牧、牛棚挤奶、果园摘果等。在韩国，休闲农园的游客可参加农民收获瓜果和蔬菜的农事活动，从中体会劳动和收获的喜悦。

(3)租赁型　农场主将一个大农园划分为若干个小块，分块出租给个人、家庭或团体，平时由农场主负责雇人照顾农园，假日则交给承租者享用(图1-16)。这种经营方式，既满足了旅游者亲身体验农趣的需求，也满足了经营者的赢利。在法国，这种形式比较流行，有的农园专门向拿退休金的老人出租土地和农具，使他们有机会在安闲的田园生活中修身养性。

图1-15　参与劳作度假型农业

图1-16　租赁型农业

(4)科技型　科技型休闲农业的类型和内涵都相当丰富。例如，基因农业是很多人不熟悉的，利用人们的好奇心理，建立观光型基因农场；此外，运用现代科技与先进农艺技术，建立现代化的农业设施，开展无土栽培、有机农业等，对都市人都很有吸引力(图1-17)。比如，新加坡建立了十大农业科技园，吸引了大量游客，日本也将设施农业作为观光的亮点，收到了良好的效果。

(5)奇异型　即利用当地独特的农业资源建立起来的休闲农业园，满足人们寻求离奇的心理(图 1-18)。例如，美国开辟了十多处大型郊游区，供游钓、骑马等活动。英国城郊沿绿环带建有一大批公园和野餐地，供市民游憩。在法国农村，许多葡萄园和酿酒作坊都对外开放，游客不仅可以参与酿制葡萄酒的全过程，而且可以在作坊里品尝，并将自己酿造好的酒带走。

图 1-17　科技型农业

图 1-18　奇异型农业

专家提示

休闲农业是很有潜力的市场，关键是如何开发这样的市场。现在这样的休闲农庄在上海、北京两个城市搞得比较好，因为这两个城市的消费水平比国内其他的城市高，人的综合素质也要高一些，他们平时的工作压力大，对于回归自然寻求休闲的农庄生活的需求比较大。综合分析，这个市场的客户定位主要是 35 岁以上的中年人或老年人，他们的收入稳定，希望过健康的生活，有的从农村出来的喜欢农村生活的新鲜。

搞休闲农业关键是城市周边这样的资源是否很多，周边消费群体的构成是否高消费。如将南京和上海进行比较，因为南京周边的农家乐太多，所以人们的消费都便宜很多，南京一个人在农家乐里的消费为 100～300 元一天，但是在上海因为这样的资源很少，而且在上海这样的资源多是针对外国消费者的，对于国内消费者是一天 300～500 元不等，但是对于外国消费者就是一天 50～70 美元。所以知道对应资源和消费群体是决定是否能获取更大赢利的关键。

21. 什么是特色农业?

特色农业就是将区域内独特的农业资源开发为区域内特有的名优产品、特色商品的现代农业，如江苏句容的葡萄、溧水的草莓、无锡阳山的水蜜桃等(图 1-19)。特色农业的关键之点就在于“特”，其具体表现在如下三个方面：一是特色农业之“魂”是唯我独存或唯我独尊。我国自古以来就有“物以稀为贵”的道理，对于发展特色农业来讲，也只有做到了人无我有、人有我优才能“特”起来。二是特色农业之“根”是天赋，也就是自然地理环境条件。各地的自然条件自古以来就有所不同，如果不切实际地盲目模仿别人，只能落个劳民伤财的后果。三是特色农业之“本”是传统，即独特的种植、养殖或加工习惯，尤其是先进的农业科技。

图 1-19 特色农业(句容葡萄)

农业经济增长方式转变的根本标志是农业由粗放经营转变为集约经营。特色农业具有较高的资金密集和技术密集程度，并且运用科学化、标准化、规模化的组织管理方法，不但在特色农业领域内逐步推进了农业增长方式的转变，而且为常规农业推进增长方式转变形成了示范效应，极大地带动了常规农业不断向科学化、商品化、集约化、社会化方向迈进，实现增产增效，从而有利于整个农业增长方式的转变。同时，各地培育特色，发挥优势是促进农业发展，增加农民收入，繁荣农村经济的重要举措。只有发展特色农业，发挥各地比较优势，通过调整农业经济结构和布局，引导优势农产品向优势产区集中，把优势农产品的生产、加工、销售产业做大做强，大力发展特色农业、绿色农业和外向型农业，增加高附加值农产品生产成为调整农业结构、增加农民收入的重要途径之一。

22. 如何建立特色农业？

第一，通过完善农业产业体系来壮大特色农业发展实力。一方面，在确保粮食生产安全的基础上，进一步提高现代养殖业、绿色、特色产业在农业中的份额，积极发展农产品加工、流通产业，拓展农业的多功能空间，发展旅游、观光、休闲农业等，不断延伸农业产业链条。另一方面，继续培育壮大主导产业，拓展品牌效应，提高农业生产组织化程度，增强产业及组织带动力。

第二，通过加强基础设施建设来提高特色农业生产能力。一要继续加强以提高农田质量和抗灾能力为重点的农田基础设施建设，加大农业减灾投入，进一步提高抗灾减灾能力。二要推进农业标准系统化建设，充分发挥科技示范户的引导作用，扩大种植业、畜牧业和农产品加工业的覆盖面，增强农特产品的市场竞争力。三要推进农业装备机械化建设，以此带动实现土地集约化、规模化、标准化和机械化生产。

第三，通过增加农业科研投入来强化特色农业科技支撑。一方面，重点加大对特色农业科技研究的鼓励和扶持，形成特色产业研发生产基地。另一方面，不断整合农业科技项目资源，完善农技推广体系，充分发挥农村实用人才在科技传递中的作用。

第四，通过提升农民整体素质来扩大特色农业发展空间。一要完善体系。通过政府统筹，吸引多方力量共同参与，按照“合理布局、方便学习”的原则建立培训网络，搭建农民了解政策、学习技术、获取信息的综合性服务平台。二要建立基金。建立以政府投入为主、多方共同参与的融资模式，成立农村劳动力培训基金，以充足的经费保证开展经常性的教育培训。三要健全内容。确立结构合理、科学、丰富、实用的培训内容，既要注重科普和短缺实用技术培训，又要注重思想解放、观念创新的引导工作，充分发挥广播、电视、网络、报刊等多种媒体优势，提高培训的针对性和时效性，以增强农民创新创业的能力和动力。

专家提示

各地区发展特色农业只有立足省情、市情、县情，依托本地的资源、地域和人才优势，实施特色农业战略，围绕“名、优、特、新、稀”产品调整产业结构，以特色求生存，以特色抗风险，以特色谋发展，因地制宜，着眼长远，合理布局，形成规模，把优势产品和优势产业做大做强，才是解决“三农”问题的有效途径。

23. 什么是农业适度规模经营?

适度规模经营是在一定的自然环境和社会经济条件下，各生产要素（土地、劳动力、资金、设备、经营管理、信息等）的最优组合和有效运行，取得最佳的经济效益。因土地是农业生产不可替代的生产资料，故农业规模经营在很大程度上指土地规模经营。

在不同的生产力发展水平下，农业规模经营的适应值不同，一定的规模经营产生一定的规模效益。农业经营规模的扩大必须以提高劳动生产率和土地生产率为目的，才能使农民经营种植业同经营其他行业获得相当的平均利润，从而稳定其务农积极性，才能增加农产品生产总量，满足社会日益增长的需要。许多国家在坚持家庭经营为主的条件下实现农业规模经营，并取得显著的经济和社会效益。农业劳动力的转移是实现规模经营的前提，农业科学技术的发展和普遍推广应用是规模经营的物质基础，社会化服务体系的建立是规模经营的重要保证条件。

对于农业中的规模经营，人们往往存在几个认识误区：一是混淆农业规模经营与农地规模经营。农业规模经营是一个综合概念，它是包括土地、劳动力、资本等农业生产要素在内的规模经营，反映的是农业生产经营中生产要素的聚集程度和组合关系对农业经济效益的影响。而农地规模经营是农业规模经营的一个重要组成部分，它主要反映的是农地规模大小对农业经济效益的影响。实行农业规模经营，并不一定要靠农地规模的扩大来实现。二是把农地规模经营与家庭经营对立起来。其实，二者并不矛盾，家庭经营的内在含义是以一个家庭作为农业的基本经营单位，这并不意味着家庭经营就一定是小规模经营。它作为一种经营方式，可以置于不同的所有制形式之中，也可以与不同的经营规模相结合。家庭经营农地规模的大小不在于家庭经营这种形式，而是取决于不同的资源禀赋、社会经济条件等因素。三是关于农地规模经营的适度问题。一般来说，要实现农地规模经营，必须具有一定数量的可耕地，但并不是说耕地规模越大越好。在一定技术条件下，如果经营面积过大，劳动力和机械等要素配置不足，就会导致粗放经营，单产下降等土地利用的不经济；反之，如果农地规模过小，则会导致其他要素闲置和利用不当，同样也产生不经济。

24. 有哪些途径可以进行农业适度规模经营?

在市场经济国家，农业经营规模的扩大一般是随着工业化和城市化的进展而出现的。在工业化和城市化进程中，可以从以下途径中实现农业适度规模经营。

(1)提高农业劳动力素质　农业劳动力顺利转移是农业规模经营的前提条件。只有转移劳动力并使其获得相对稳定的职业和工作，农业劳动力人均负担的耕地面积才能增加，扩大农业经营规模才有可能；只有农业生产经营者的科技知识、管理能力等素质得到提高，农业规模经营的效益才能得到保证。

(2)完善土地流转机制，协调农户之间利益　完善的土地流转机制和农户之间的利益协调机制，是农业规模经营的首要条件。农业规模经营往往以土地利用规模为主要的衡量标准，而在家庭承包经营的基础上，只有通过建立相应的土地流转机制才能实现土地的流转和集中。

(3)改变农民传统观念，完善社会保障体制　农民眷念土地的传统观念逐步改变，并在农民中建立起必要的社会保障制度。在我国，土地是农民的基本生活资料，具有社会保障的功能。一般来说，农村社会保障体系越完善，农民对土地的依赖程度越低，农业实行规模经营的可能性越大。

(4)完善农业机械工业体系和物质技术装备体系　完善的农业机械工业体系和物质技术装备体系，能够为农业规模经营提供必要的物质技术条件。农业物质装备水平的提高，一方面要求通过规模经营来实现其利用效率的提高，另一方面也使以少量的家庭劳动力从事规模经营成为可能。

(5)完善社会化服务体系　较为完善的社会化服务体系，能为从事规模经营的单位和农户提供所必需的物质技术条件和产前、产中、产后一系列的服务。一般来说，较大规模经营能否成功，在相当程度上取决于农业产前、产中、产后的社会化服务状况。这种服务项目越多，质量越高，农业适度规模经营的实现就越有可能。

专家提示

农业适度规模经营在中国的推行是有条件的、逐步的。所需具备的条件主要包括：①农业、第二和第三产业有较大发展，劳动力得以从土地上大量转移出去，土地可以集中由较少的经营者承包种植。②农村合作经营组织形成较健全的服务体系，可为农户的生产、技术应用以及加工、流通等提供社会化服务。③拥有较充足的物质技术装备，主要作业能实行机械化。④政府和合作经济组织在生产资料供应、资金信贷、收购价格、社会保险等方面能对经营者提供必要的保障和优惠等。在畜禽饲养业中，由于适度规模无须进行土地的转移，因而推行较易。但也必须有较健全的种苗繁育、饲料生产和卫生防疫等社会化服务，特别是信贷和流通方面的服务和保障。因此，农业适度规模经营只能随着农村经济的发展和合作经济组织的健全而经历一个逐步发展的过程。具体的经营规模，也将随条件的逐步具备而逐步地适度扩大。

25. 什么是家庭农场？我们可以创办家庭农场吗？

家庭农场指农民家庭通过租赁、承包或者经营自有土地的农业经营形式。在美国和西欧一些国家，农民通常在自有土地上经营，也有的以租入部分或全部土地经营。农场主本人及其家庭成员直接参加生产劳动。早期家庭农场是独立的个体生产，在农业中占有重要地位。有的农户向集体承包较多土地，实行规模经营，也被称之为家庭农场。家庭农场的出现促进了农业经济的发展，推动了农业商品化的进程。它的形成，有助于提高农业的整体效益，有助于生产与市场的对接，克服小生产与大市场的矛盾，提高农业生产、流通、消费全过程的组织化程度。中国农业的整体生产力水平还比较落后，土地等基本资源紧缺，整体上看，家庭农场的规模不可能很大，发展进程也不可能很快(图 1-20)。

图 1-20　家庭农场

要开好一个农场需具备以下几个条件:第一是土地,土地的租金要适中,地理位置、交通及水源要方便。第二是市场,家庭农场的规模小,所以市场必须近,根据附近的市场选择种植或养殖农产品。第三是要知道本地的土质、气候、适合种植什么、养什么。最后则是要预算成本和利润,只有赚钱的项目才值得去忙碌。

26. 农业现代化应具备哪些基本的特征?

从目前世界农业发展的大趋势和社会环境来看,中国的农业现代化,应具备以下基本特征。

(1)生产过程机械化　是指运用先进设备代替人力的手工劳动,在产前、产中、产后各环节中大面积采用机械化作业,从而降低劳动的体力强度,提高劳动效率。

(2)生产技术科学化　实现农业现代化的过程,其实就是先进科技不断注入农业的过程,不断完善农业的基础科研、应用科研及推广体系,不断提高科技对增产贡献率的过程。21世纪是科技的世纪。新技术、新材料、新能源的出现,使农业现状发生巨大的变化,科技在对传统农业的改造过程中,发挥至关重要的作用。如果离开科技的注入,农业的现代化就会停滞不前。

(3)增长方式集约化　由传统农业向现代农业的方向进化,一个基本的同步条件是农业增长方式要从粗放经营向集约经营转变,摒弃传统的粗耕简作,推广现代的精耕细作,在化肥、农药、灌溉等方面的投入边际效益递减,外延扩大生产余地变小的情况下,把增产的基点转到挖掘内部潜力,降低生产成本,提升产品档次,提高综合效益,提高劳动者素质的轨道上来。

(4)经营循环市场化　现代农业的一个显著标志是市场成为农业经济运行的载体,面向市场来组织生产,投入—产出—消费的经营循环都要在市场上得以实现。这是农村经济由传统的自给自足自然经济形态走上现代的、商品的市场形态的必由之路。在资源的配置上,行政手段的退出与市场功能的发挥,是现代农业的一个基本特征。在生产的目的上,产品自给自足的消亡与纯粹用于商品交换的转换,是现代农业的又一基本特征。

(5)生产组织社会化　所谓生产组织,就是对微观经济单元的组合布局进行引导、对社会分工进行协调、对专业化生产进行管理的实施过程。立足于整个社会来设计、实施这种过程,就是生产组织的社会化。它意味着农业生产与流通活动的各个部门、各个环节,必须和社会上的有关部门、市场主体有机地联系起来,并要随着现代化的不断推进提高这种依赖程度,以达到扬长避短、优势互补、提高劳动生产率的目的。

(6)生产绩效高优化　我们所要的农业现代化,是高产优质高效的现代化。能否做到高产优质高效,这是检验现代化成功与否的决定性因素。如果生产经营的最终成果是产品产量低、质量次、经济效益低,那么,就应该问一问装备配置是否科学,生产工艺和技术是否落后,增长方式是否还停留在粗放的形态上,经营理念是否还停留在传统的农业经济上,生产的社会化程度是否理想。

(7)劳动者智能化　在农业生产经营过程中,先进的生产工具靠人去创造,先进的科学技术靠人去摸索,先进的管理经验靠人去总结,先进的经营体制和运行机制靠人去应用。无论是增长方式的转变,还是生产绩效的提高,都是在人的主观能动作用下得以实现的。离开人,现代化是不复存在的。从这个意义上说,我们要实现的农业现代化,是以人为本的现代化。提高劳动者的文化知识和技能水平,既是农业现代化的目标,也是要实现目标的可靠保证。

小贴士

机械化不等于现代化，但它在现代化的构成中确实占有重要的地位，它是实现现代化的基础，或者说是充分的必要条件。没有机械化的支持，也就不可能有农业现代化；而现代化农业和农业现代化联系和区别在于：它们都是指农业，不同点在于前者是指时间上的，后者是指技术上的；现代化农业的侧重点是农业，而农业现代化侧重点是现代化，它是指现代农业所具备的特征。

27. 什么是现代农业的生产专业化?

农业生产专业化是指围绕某种农产品的生产培育，将种、养、加过程和产、供、销环节联为一体的专业生产经营系列，做到每个环节的专业化与一体化协同相结合，使每一种农产品都将原料、初级产品、中间产品制作成为最终产品进入市场，从而有利于提高产业链的整体效率和经济效益。农业生产专业化包括：农产品生产系列化、农业作业专业化和农业区域专业化。

（1）农产品生产系列化　指农业生产者专门从事某些农产品的生产，实际就是通过市场细分，发挥小范围生产区域的优势。农产品生产系列化偏重于范围经济（通过产品品种和种类的增加来降低成本）、差异经济（通过产品或服务差异性来降低成本和增加利润）、成长经济（通过拓展企业内外部空间来获取利润），通过市场调查寻找机会，通过市场细分确定市场目标，通过产品定位确定经营策略，并付诸实施。

（2）农业作业专业化　指农产品生产过程中，各项合作由专门的生产者或生产单位来分别完成。如植物公司负责治虫，工厂化育苗，农机组织负责耕地和收割等。它是农业生产高度分工和社会化高度发展的标志，对于我国农业生产规模偏小的特点更有现实意义，是农业劳动力向第二、第三产业转移的重要前提条件。

（3）农业区域专业化　指在一定区域内，根据比较优势的原则，专门生产一种或少数几种面向全国或国际市场的农产品。农业区域专业化是一个国家农业生产社会化和现代农业发展的一个重要标志。作为组织农产品生产的有效形式，农业区域专业化有利于促进资源、经济技术条件的合理利用，提高农产品数量与质量，提高劳动生产率和农产品商品率，较之传统农业具有明显的优越性。近几年，江苏农业区域布局的调整取得了初步成效，但不少地方“小而全、大而全”和结构雷同的问题仍很突出，区域化布局、专业化分工格局还未形成，地区比较优势未能充分发挥。因此，有必要借鉴美国等西方国家农业区域专业化发展的经验，以促进中国农业区域专业化的进一步发展。

28. 什么是现代农业产业化经营？有什么特征?

现代农业产业化经营是以市场为导向，以经济效益为中心，以主导产业、产品为重点，优化组合各种生产要素，实行区域化布局、专业化生产、规模化建设、系列化加工、社会化服务、企业化管理，形成种养加、产供销、贸工农、农工商、农科教一体化经营体系，使农业走上自我发展、自我积累、自我约束、自我调节的良性发展轨道的现代化经营方式和产业组织形式。它实质上是指对传统农业进行技术改造，推动农业科技进步的过程。这种经营模式从整体上推进了传统农业向现代农业的转变，是加速农业现代化的有效途径。

现代农业产业化经营与传统封闭的农业生产经营相比，具有以下一些基本特征。

(1)市场化　市场是农业产业化的起点和归宿。农业产业化的经营必须以国内外市场为导向，改变传统的小农经济自给自足、自我服务的封闭式状态，其资源配置、生产要素组合、生产资料和产品购销等靠市场机制进行配置和实现。

(2)区域化　即农业产业化的农副产品生产，要在一定区域范围内相对集中连片，形成比较稳定的区域化的生产基地，以防生产布局过于分散造成管理不便和生产不稳定。

(3)专业化　即生产、加工、销售、服务专业化。农业产业化经营要求提高劳动生产率、土地生产率、资源利用率和农产品商品率等，这些只有通过专业化才能实现。特别是作为农业产业化经营基础的农副产品生产，要求把小而分散的农户组织起来，进行区域化布局，专业化生产，在保持家庭承包责任制稳定的基础上，扩大农户外部规模，解决农户经营规模狭小与现代农业要求的适度规模之间的矛盾。

(4)规模化　生产经营规模化是农业产业化的必要条件，其生产基地和加工企业只有达到相当的规模，才能达到产业化的标准。农业产业化只有具备一定的规模，才能增强辐射力、带动力和竞争力，提高规模效益。

(5)一体化　即产加销一条龙、贸工农一体化经营，把农业的产前、产中、产后环节有机地结合起来，形成“龙型”产业链，使各环节参与主体真正形成风险共担、利益均沾、同兴衰、共命运的利益共同体。这是农业产业化的实质所在。

(6)集约化　农业产业化的生产经营活动要符合“三高”要求，即科技含量高，资源综合利用率高，效益高。

(7)社会化　即服务体系社会化。农业产业化经营，要求建立社会化的服务体系，对一体化的各组成部分提供产前、产中、产后的信息、技术、资金、物资、经营、管理等的全程服务，促进各生产经营要素直接、紧密、有效地结合和运行。

(8)企业化　即生产经营管理企业化。不仅农业产业的龙头企业应是规范的企业化运作，而且其农副产品生产基地为了适应龙头企业的工商业运行的计划性、规范性和标准化的要求，应由传统农业向规模化的设施农业、工厂化农业发展，要求加强企业化经营与管理。

专家提示

农业产业化的内涵非常丰富，而且从这些丰富的内涵中，还可以引申出其他许多外延作用和意义。例如对乡镇企业产业结构和产品结构调整的作用，对新农村建设、小城镇建设和农村城镇化的推动作用等。在国外，农业一体化主要是指农工综合体、农工一体化等。在我国，农业一体化叫作农业产业化，主要指农工商综合经营、农工技贸一体化、供产销一条龙、“龙型”企业体系等。

29. 什么是无土栽培?

无土栽培指不用土壤，用其他东西培养植物的方法，包括水培、雾(气)培、基质栽培。20 世纪 30 年代开始我国把这种技术应用到农业生产上。在 21 世纪，人们进一步改进技术，使得无土栽培发展起来。无土栽培中用人工配制的培养液，供给植物矿物营养的需要。为了使植株得以竖立，可用石英砂、蛭石、泥炭、锯屑、塑料等作为支持介质，并可保持根系的通气。多年的实践证明，大豆、菜豆、豌豆、小麦、水稻、燕麦、甜菜、马铃薯、甘蓝、叶莴苣、番茄、黄瓜等作物，无土栽培的产量都比土壤栽培的高。由于植物对养分的要求因种类和生长发育的阶段而异，所以配方也要相应地改变。例如，叶菜类需要较多的 N，N 可以促进叶片的生长；番茄、黄瓜要开花结果，比叶菜类需要较多的P、K、Ca，需要的N则比叶菜类少些。

从历史上来看，农业文明的标志，就是人类对作物生长发育的干预和控制程度。实践证明，对作物地上部分环境条件的控制，比较容易做到，但对地下部分（根系）的控制，在常规土培条件下很困难。无土栽培技术的出现，使人类获得了包括无机营养条件在内的，对作物生长全部环境条件进行精密控制的能力，使农业生产有可能彻底摆脱自然条件的制约，完全按照人的愿望，向着自动化、机械化和工厂化的生产方式发展。这会使作物产量得以几倍、几十倍甚至成百倍地增长。

由于无土栽培可以将许多不可耕地加以开发利用，使不能再生的耕地资源得到了扩展和补充，这对于缓和及解决地球上日益严重的耕地问题，有着深远的意义。无土栽培不但可使地球上许多荒漠变成绿洲，而且在不久的将来，海洋、太空也将成为新的开发利用领域。美国已将无土栽培列为该国21世纪要发展的十大高技术交流会上的议题，就是关于宇宙空间植物栽培的研究报告，那只能是无土栽培。无土栽培技术在日本，已被许多科学家作为研究“宇宙农场”的有力手段，太空时代的农业，已经不再是不可思议的问题。

专家提示

无土栽培的成本比土壤栽培的成本高不少，它需要规定的土壤营养、湿度、温度。技术要求也比土壤栽培的要求高，毕竟不少大自然的产物，是人工栽培的产物，所以，无土栽培的植物一般是高附加值的植物。无土栽培是一种高技术含量、高投入，同时也是一种高产出、高效益的现代化农业技术。在可靠的技术作为后盾支持下，利用无土栽培技术生产的产品具有高产、优质以及利用温室或大棚等保护设施来控制环境条件进行错季（反季节）生产的优势，将这些高档蔬菜、瓜果打入市场，可以取得较好的经济效益。

30. 无土栽培的形式有哪些？

无土栽培的方法很多，目前生产上常用的有水培、雾（气）培、基质栽培。

（1）水培　指植物根系直接与培养液接触，不用基质的栽培方法，如水培蔬菜、水培花卉等（图1-21）。以此方法栽培，植物直接从培养液中吸取营养，根系须根发达，主根明显比露地栽培退化。例如，黄瓜无限型生长，蔓可达10～15 m，主根根系45 cm。

图1-21　水培花卉

（2）雾（气）培　又称气增或雾气培。它是将营养液压缩成气雾状直接喷到作物的根系上，根系悬挂于容器的空间内部的一种栽培方法（图1-22）。但此方法设备费用太高，需要消耗大量电能，且不能停电，没有缓冲的余地。目前，此方法仅用于科学研究，未进行大面积应用。此方法栽培植物的机理同水培，因此根系状况也同水培。

（3）基质栽培　是无土栽培中推广面积最大的一种栽培方法。它是将作物的根系固定在有机或无机的基质中，通过滴灌或细流灌溉供给作物营养液（图1-23）。栽培基质可以装入塑料袋内，或铺于栽培沟或槽内。基质栽培的营养液是不循环的，称为开路系统，这样可以避免病害通过营养液的循环而传播。

图 1-22　网纹甜瓜雾(气)栽培

图 1-23　番茄基质栽培

31. 什么是有机生态型无土栽培?

有机生态型无土栽培技术是指不用天然土壤,而使用基质,不用传统的营养液灌溉植物根系,而使用有机固态肥并直接用清水灌溉作物的一种无土栽培技术(图 1-24)。因此,有机生态型无土栽培技术具有一般无土栽培的特点,如提高作物的产量与品质、减少农药用量、产品洁净卫生、节水节肥省工、利用非可耕地生产等。此外,有机生态型无土栽培还具有以下特有的特点。

图 1-24　有机生态型无土栽培

(1)用有机固态肥取代传统的营养液　传统无土栽培是以各种无机化肥配制成一定浓度的营养液,以供作物吸收利用。有机生态型无土栽培则是以各种有机肥或无机肥的固体形态直接混施于基质中,作为供应栽培作物所需营养的基础,在作物的整个生长期中,可隔几天分若干次将固态肥直接追施于基质表面,以保持养分的供应强度。

(2)操作管理简单　传统无土栽培的营养液,需维持各种营养元素的一定浓度及各种元素间的平衡,尤其是要注意微量元素的有效性。有机生态型无土栽培因采用基质栽培及施用有机肥,不仅各种营养元素齐全,其中微量元素更是供应有余。因此,在管理上着重考虑氮、磷、钾三要素的供应总量及其平衡状况,大大地简化了操作管理过程。

(3)减少一次性投资　有机生态型无土栽培不使用营养液,可取消配制营养液所需的全部设备,如测试系统、定时器、循环泵等,大幅度降低无土栽培设施系统的一次性投资。

(4)节省生产费用　有机生态型无土栽培主要施用消毒有机肥,与使用营养液相比,其肥料成本可降低 60%～80%,从而大大节省无土栽培的生产费用。

(5)对环境无污染　在无土栽培的条件下,灌溉过程中 20%左右的水或营养液排到系统外是正常现象,但排出液中盐浓度过高,会污染环境。如岩棉栽培系统排出液中硝酸盐含量高达 212 mg/L,对地下水有严重污染。有机生态型无土栽培系统排出液中硝酸盐含量只有 1～

4 mg/L，对环境无污染。由此可见，应用有机生态型无土栽培方法生产作物，不但产品洁净卫生，而且对环境也无污染。

小贴士

有机生态型无土栽培具有投资省、成本低、用工少、易操作和产品高产优质的显著特点。它把有机农业导入无土栽培，是一种有机与无机农业相结合的高效益低成本的简易无土栽培技术。自从该技术推出以来，深受广大生产者的青睐。目前，已在北京、山西、山东、河南、辽宁、新疆、甘肃、广东、海南等地进行了较大面积的应用，起到了良好的示范作用，获得了较好的经济和社会效益。

32. 什么是有机农业？有机农业生产方式的特点有哪些？

有机农业是遵照一定的有机农业生产标准，在生产中不采用基因工程获得的生物及其产物，不使用化学合成的农药、化肥、生长调节剂、饲料添加剂等物质，遵循自然规律和生态学原理，协调种植业和养殖业的平衡，采用一系列可持续发展的农业技术以维持持续稳定的农业生产体系的一种农业生产方式。

有机农业与目前农业相比较，有以下特点。

①可向社会提供无污染、好口味、食用安全的环保食品，有利于保障人民身体健康，减少疾病发生。化肥农药的大量施用，在大幅度提高农产品产量的同时，不可避免地对农产品造成污染，给人类生存和生活留下隐患。目前，人类疾病的大幅度增加，尤以各类癌症的大幅度上升，无不与化肥农药的污染密切相关。有机农业不使用化肥、化学农药，以及其他可能会造成污染的工业废弃物、城市垃圾等，因此其产品食用非常安全，且品质好，有利于保障人体健康。

②目前，化肥农药的利用率很低，一般氮肥只有 20%～40%，农药在作物上附着率不超过 10%～30%，其余大量流入环境造成污染。如化肥大量进入江湖中造成水体富营养化，影响鱼类生存。农药在杀病菌害虫的同时，也增加了病虫的抗性，杀死了有益生物及一些中性生物，结果引起病虫再猖獗，使农药用量越来越大，施用的次数越来越多，进入恶性循环。改用有机农业生产方式，可以减轻环境污染，有利于恢复生态平衡。

③随着我国加入世贸组织，农产品进行国际贸易受关税调控的作用越来越小，但对农产品的生产环境、种植方式和内在质量控制越来越大（即所谓非关税贸易壁垒），只有高质量的产品才可能打破壁垒。有机农业产品是一种国际公认的高品质、无污染环保产品，发展有机农业，有利于提高我国农产品在国际市场上的竞争力，增加外汇收入。

④有机农业是种劳动知识密集型产业，是项系统工程，需要大量的劳动力投入，也需要大量的知识技术投入，还需要有全新的观念。有机农业食品在国际市场上的价格通常比普遍产品高出 20%～50%，有的高出一倍以上。发展有机农业可以增加农村就业，增加农民收入，提高农业生产水平，促进农村可持续发展。为此，有机农业是大有希望的产业，有待积极而稳妥地发展。

33. 什么是设施农业？设施农业有哪些形式？

设施农业属于高投入高产出，资金、技术、劳动力密集型的产业。它是利用人工建造的设施，使传统农业逐步摆脱自然的束缚，走向现代工厂化农业、环境安全型农业、无毒农业的必由之路。同时也是打破传统农业的季节性，实现农产品的反季节上市，进一步满足多元化、多层次消费需求的有效方法。

设施农业从种类上分，主要包括设施园艺和设施养殖两大部分。

（1）设施园艺的主要类型　设施园艺按技术类别一般分为玻璃/PC 板连栋温室（塑料连栋温室）、日光温室、塑料大棚、小拱棚（遮阳棚）四类。

①玻璃/PC 板连栋温室　具有自动化、智能化、机械化程度高的特点，温室内部具备保温、光照、通风和喷灌设施，可进行立体种植，属于现代化大型温室（图 1-25）。

②日光温室　此种温室优点是采光性和保温性能好、取材方便、造价适中、节能效果明显，适合小型机械作业，其缺点在于环境的调控能力和抗御自然灾害的能力较差，主要种植蔬菜、瓜果及花卉等。青海、辽宁、甘肃、新疆、山西和山东日光温室分布比较广泛（图 1-26）。

图 1-25　玻璃/PC 板连栋温室

图 1-26　日光温室

③塑料大棚　塑料大棚以其内部结构用料不同，分为竹木结构、全竹结构、钢竹混合结构、钢管（焊接）结构、钢管装配结构以及水泥结构等（图 1-27）。总体来说，塑料大棚造价比日光温室要低，安装拆卸简便，通风透光效果好，使用年限较长，主要用于果蔬瓜类的栽培和种植。其缺点是棚内立柱过多，不宜进行机械化操作，防灾能力弱，一般不用它进行越冬生产，在南方应用较多。

④小拱棚（遮阳棚）　特点是制作简单，投资少，作业方便，管理非常省事。其缺点是不宜使用各种装备设施，并且劳动强度大，抗灾能力差，增产效果不显著。主要用于种植蔬菜、瓜果和食用菌等（图 1-28）。

图 1-27　塑料大棚

图 1-28　小拱棚

(2)设施养殖的主要类型　设施养殖主要有水产养殖和畜牧养殖两大类。

水产养殖按技术分类有围网养殖(图 1-29)和网箱养殖(图 1-30)。在水产养殖方面,围网养殖和网箱养殖已经得到普遍应用。网箱养殖具有节省土地、可充分利用水域资源、设备简单、管理方便、效益高和机动灵活等优点。安徽的水产养殖使用较多的是网箱和增氧机。

在畜牧养殖方面,大型养殖场或养殖试验示范基地的养殖设施主要是开放(敞)式和有窗式,封闭式养殖主要以农户分散经营为主。开放(敞)式养殖设备造价低,通风透气,可节约能源。有窗式养殖可为畜禽类创造良好的环境条件,但投资比较大。安徽、山东等省以开放式和有窗式为主,封闭式相对较少;青海设施养殖中绝大多数为有窗式畜棚。

图 1-29　围网养殖

图 1-30　网箱养殖

第二篇

现代农业产品篇

1. 农产品包括哪些？什么样的农产品能卖上好价钱？

农产品是指种植业、养殖业、林业、牧业、水产业生产的各种植物、动物的初级产品。

(1)植物类　人工种植和天然生长的各种植物的初级产品。包括粮食、蔬菜、瓜果、茶叶、花卉、药用植物、油料植物、纤维植物、糖料植物、烟叶、林业产品等。

(2)动物类　人工养殖和天然生长的各种动物的初级产品。包括畜牧产品(肉、蛋、奶)、水产品(淡水产品、海水产品)、动物皮张、动物毛绒等。

当前，农产品究竟以什么品种、哪种规格、何种形式进入市场，才能保证既能卖得出、又能卖出好价钱呢？一般来说，具有下列特点的农产品货俏价高。

(1)错季节产品　农产品生产的季节性与市场需求的均衡性矛盾日益突出，由此带来的季节性差价蕴藏着巨大的商机。做到错季供应一是要实行设施化种养，拉长农副产品的销售期，由生产旺季销售转为生产淡季销售或消费旺季销售；二是要开发适应不同季节生产的农副产品新品种，实行多品种错季节上市。

(2)嫩乳产品　近年来人们的消费习惯正在悄悄发生变化，粮食当作蔬菜吃，要吃嫩玉米、嫩麦粒、青毛豆、仔鸡、乳鸽，出现了崇尚鲜嫩食品的新潮流。

(3)高品质产品　目前，人们已不再满足于吃饱，而是更注重吃好，吃出营养和品位，优质农产品的市场前景十分看好。因此，要把选育、引进和推广优质农产品作为抢占市场的一个重要措施，彻底淘汰劣质品种和落后的生产技术。

(4)名、优、新品种　根据市场需求，引进、开发和推广一些名、优、稀、特新品种，以新品种来引导新需求、开拓新市场。如西瓜要生产大、中、小三种类型来适应和满足宾馆、家庭及旅游等多层次、多方位的消费需求。

(5)求新、求异产品　人们对蔬菜、水果等农产品不仅要求其鲜度高、营养丰富、美味可口，还要求具备一定的观赏功能，以满足消费者日益增长的求新、求异的心理。为适应人们这一需求，一些奇形、异色农产品相继问世，如香蕉形的番茄、飞碟形南瓜、黑色花生、黑色玉米等农产品一上市就引起消费者的极大兴趣。

2. 什么是农产品标准？

农产品标准是针对农产品的质量及与质量等相关方面所规定的准则；是对农产品的品种、规格、技术要求、检验方法、商品标志、储存保管和包装运输等方面所做的统一规定；是农产品生产的技术依据，也是评定农产品质量的准则。是经国家标准化主管部门批准的农产品标准和生产技术法规。农产品标准的实施，使产品质量的检验与监督工作有章可循，使商品质量有了可靠保证，也为抵制不正当竞争行为提供了依据。

农产品标准同其他产品的标准一样，是生产和流通中一项共同的技术依据，它既表达了生产者和消费者对农产品的质量要求，也是产销双方对产品质量有争议时执行仲裁的依据。通过农产品标准的制定和推行，能保证产品质量达到先进的水平，并在这一基础上进一步提高，同时，还能促进农产品资源的充分合理利用。

3. 农产品标准分为哪几级?

(1)国家标准　是指对全国经济技术发展有重大意义,必须在全国范围内统一的标准。国家标准由国家质量技术监督局编制计划和组织草拟,并统一审批、编号和发布。

(2)行业标准　是指我国全国性的农业行业范围内的统一标准。《标准化法》规定,“对没有国家标准而又需要在全国某个行业范围内统一的技术要求,可以制定行业标准。”农业行业标准是由农业农村部组织制定。行业标准是对国家标准的补充,行业标准在相应国家标准实施后,自行废止。

(3)地方标准　是指在某个省、自治区、直辖市范围内需要统一的标准。对没有国家标准和行业标准而又需要在省、自治区、直辖市范围内统一的技术和管理要求,可以制定地方标准。地方标准由省、自治区、直辖市政府标准化行政主管部门制定。地方标准不得与国家标准、行业标准相抵触。在相应的国家标准或行业标准实施后,地方标准自行废止。

(4)企业标准　是指企业所制定的产品标准和在企业内部需协调、统一的技术要求和管理工作要求所制定的标准。企业标准由企业制定。国家标准、行业标准、地方标准和企业标准之间的关系是:对需要在全国范围内统一的技术要求,应当制定国家标准;对没有国家标准而又需要在全国某个行业内统一的技术要求,可以制定行业标准;对没有国家标准和行业标准而又需要在省、自治区、直辖市范围内统一的技术要求,可以制定地方标准;企业生产的产品没有国家标准和行业标准的,应当制定企业标准。国家鼓励企业制定高于国家标准的企业标准。

4. 什么是农产品加工业?

农产品加工业有广义和狭义之分。广义的农产品加工业,是指以人工生产的农业物料和野生动植物资源及其加工品为原料所进行的工业生产活动;狭义的农产品加工业,是指以农、林、牧、渔产品及其加工品为原料所进行的工业生产活动。人工生产的农业物料和野生动植物资源非常广泛,并与国计民生高度相关,农产品加工业目前已发展成为一个十分复杂的系统工程,所应用的技术大多属于多学科、多专业、高新技术和综合技术。

农产品加工业涉及多个部门,行业众多,产品繁杂。国际上通常将农产品加工业划分为五类,即:食品、饮料和烟草加工;纺织、服装和皮革工业;木材和木材产品加工,包括家具制造;纸张和纸产品加工、印刷和出版;橡胶产品加工。我国在统计上与农产品加工业有关的是 12 个行业,即:食品加工业、食品制造业、饮料制造业、烟草加工业、纺织业、服装及其他纤维制品制造业、皮革毛皮羽绒及其制品业、木材加工及竹藤棕草制品业、家具制造业、造纸及纸制品业、印刷业和橡胶制品业。

5. 什么是农产品地理标志?

图 2-1　农产品地理标志图

农产品地理标志是指标示农产品来源于特定地域,产品品质和相关特征主要取决于自然生态环境和历史人文因素,并以地域名称冠名的特有农产品标志(图 2-1)。

2007 年 12 月农业部发布的《农产品地理标志管理办法》中规定由国家对农产品地理标志实行登记制度。经登记的农产品地理标志受法律保护。农业部负责全国农产品地理标志的登记工作，农业部农产品质量安全中心负责农产品地理标志登记的审查和专家评审工作，农业部设立的农产品地理标志登记专家评审委员会，负责专家评审。农产品地理标志登记专家评审委员会由种植业、畜牧业、渔业和农产品质量安全等方面的专家组成。各省级人民政府农业行政主管部门负责本行政区域内农产品地理标志登记申请的受理和初审工作。在进行农产品地理标志登记时不收取费用。县级以上人民政府农业行政主管部门应当将农产品地理标志管理经费编入本部门年度预算，将农产品地理标志保护和利用纳入本地区的农业和农村经济发展规划，并在政策、资金等方面予以支持。

6. 农产品地理标志保护如何进行申请？

地理标志产品保护申请，由当地县级以上人民政府指定的地理标志产品保护申请机构或人民政府认定的协会和企业（以下简称申请人）提出，并征求相关部门意见。申请保护的产品在县域范围内的，由县级人民政府提出产地范围的建议；跨县域范围的，由地市级人民政府提出产地范围的建议；跨地市范围的，由省级人民政府提出产地范围的建议。

申请人应提交以下资料：

①有关地方政府关于划定地理标志产品产地范围的建议。

②有关地方政府成立申请机构或认定协会、企业作为申请人的文件。

③地理标志产品的证明材料，包括：地理标志产品保护申请书；产品名称、类别、产地范围及地理特征的说明；产品的理化、感官等质量特色及其与产地的自然因素和人文因素之间关系的说明；产品生产技术规范（包括产品加工工艺、安全卫生要求、加工设备的技术要求等）产品的知名度，产品生产、销售情况及历史渊源的说明。

④拟申请的地理标志产品的技术标准。

出口企业的地理标志产品的保护申请向本辖区内出入境检验检疫部门提出；按地域提出的地理标志产品的保护申请和其他地理标志产品的保护申请向当地（县级或县级以上）质量技术监督部门提出。

省级质量技术监督局和直属出入境检验检疫局按照分工，分别负责对拟申报的地理标志产品的保护申请提出初审意见，并将相关文件、资料上报国家质检总局。

专家提示

我国于 2002 年 12 月修改的《中华人民共和国农业法》第二十三条规定：“符合规定产地及生产规范要求的农产品可以依照有关法律或者行政法规的规定申请使用农产品地理标志。”这是除了《中华人民共和国商标法》之外提到地理标志的另一部法律。但是，因为目前我国的地理标志产品几乎都是农产品，而农业部门直接面对着多年来因工商、质检两套体系在农产品地理标志的申请注册和使用监管方面的缺漏而造成了农业生产经营者的困惑甚至抱怨。因此，凭着在农业管理的过程中对某地域特定产品的特殊品质、产品地域范围的划定、生产过程的监控等都比较熟悉和便利的优势，农业部门认为由其来执行农产品地理标识的认证和管理工作效率相对高、引起纷争较少。因此，农业部于 2007 年 12 月发布了《农产品地理标志管理办法》，并随后开始接受申请并颁发了若干农业部的“农产品地理标志”专用标识。

7. 什么是粮食安全？我国粮食安全有何重要意义？

粮食安全，顾名思义，就是能确保所有人在任何时候既买得到又买得起他们所需的基本食品，一是保障粮食供给的数量与质量，即不仅要供应足够的粮食，还要保证所供应的粮食安全、卫生，满足人们生存和健康的基本需要；二是保障粮食供应的稳定性与长期性，即保障粮食供应在任何时候都是充足、卫生的，满足人们的长期需要；三是保障人们的购买力，即人们不仅能够买得到而且买得起其生存和健康所需的基本食品。粮食安全的主要内容包括：安全合理的粮食储备、粮食生产按市场需求稳定发展、适量进出口粮食、解决好贫困人口的温饱问题，让所有的人在任何时候都能享受充足的粮食。

国以民为本，民以食为天。粮食既是关系国计民生和国家经济安全的重要战略物资，也是人民群众最基本的生活资料。粮食安全与社会的和谐、政治的稳定、经济的持续发展息息相关。完善粮食应急储备体系，确保粮食市场供应，最大限度地减少紧急状态时期的粮食安全风险，是政府的职责，也是粮食安全保障体系的重要组成部分。我国是世界拥有14亿人口的大国，耕地减少、水资源短缺、气候变化对粮食生产的制约日益增长，而随着城镇化、工业化的发展及人口增长和人民生活改善，粮食需求呈刚性增长，粮食供给长期处于紧平衡状态。因此，我国粮食安全问题，不仅是立足我国国情的需要，也是世界各国关注的焦点。

专家提示

近年来，国内外粮食生产和消费正在发生重大变化，且自然灾害发生较为频繁，粮食供求关系偏紧，结构性矛盾突出，粮价总体持续上涨，引起人们的极大关注。面对国内外粮食安全形势发生的新变化，重新认识我国的粮食安全问题，对于贯彻落实中央有关精神和要求、保证经济社会平稳健康发展具有重要意义

8. 什么是食品安全？食品安全的构成要素有哪些？

食品安全指食品无毒、无害，符合应当有的营养要求，对人体健康不造成任何急性、亚急性或者慢性危害。根据世界卫生组织的定义，食品安全是“食物中有毒、有害物质对人体健康影响的公共卫生问题”。食品安全也是专门探讨在食品加工、存储、销售等过程中确保食品卫生及食用安全，降低疾病隐患，防范食物中毒的一个跨学科领域。食品安全的构成要素主要有：

①建立完善的食品安全应急体系，整合食品卫生监督、质检、工商为主的政府职能部门资源，使各有关部门的监管工作有机衔接起来，让市场监管到位。同时以食品行业协会为主导，带领企业坚定不移地执行和参与政府发布的各种类型保障食品安全的法律、法规及活动。

②提高食品企业的质量控制意识，建立以食品安全回溯体系为标准的行业准入机制，从源头上杜绝不安全的食品入市。

③初步建立食品安全宣传教育体系，对消费者进行食品科普教育。加大舆论宣传力度，提高消费者食品安全意识，使有害食品人人避之。

9. 什么是农产品质量安全可追溯体系?

农产品安全可追溯体系就是在产品供应的整个过程中,对产品的各种相关信息进行记录、贮存记录的质量保证体系,其目的是在产品质量出现问题时,能够快速有效地查询到出问题的原料或加工的环节,必要时进行产品召回,实施有针对性的处罚措施,由此来提高产品的质量水平。

《农产品质量安全法》明确规定要建立农产品安全标准体系,并引入农产品质量安全追溯制度,对产品实现从农田到餐桌的全程管理。

农产品安全可追溯体系是一套非常有效的监管农产品质量安全的方法,通过条码能够追溯到产品的生产班组、时间、流程。它是通过追溯管理,对造成质量安全事故的责任人进行质量追究,从而强化生产经营者质量安全意识。建立农产品的质量可追溯制度,可以从根本上保证农产品的质量安全,实施农产品质量可追溯体系,使农产品生产、运输、销售等所有环节的每一步都有记录,是保证农产品质量最有效的途径之一。

农产品质量可追溯体系的构成要素主要有:

(1)建立相互追查的制度。按照从生产地到销售地每一个环节可相互追查的原则,建立农产品生产、经营记录档案登记制度,记录生产者以及生产基地环境、农业投入品的使用、田间管理、加工、包装等信息。

(2)健全农产品编码标准。健全农产品编码标准,确保全程质量控制信息的传递和可追溯,建立认证产品及产地环境、投入品使用等数据库,创建农产品生产档案、产品标识卷标信息等产品质量安全录入和查询系统,形成互联互通、产销一体化农产品质量安全信息可追溯信息平台。

(3)加强信用制度建设。建立产地农户、生产企业、流通企业的质量安全信用警示系统,适时公布有关生产者、流通者的诚信情况,并告之失信惩罚机制。

10. 什么是无公害农产品?如何进行无公害农产品的认证?

无公害农产品是指产地环境符合无公害农产品的生态环境质量,生产过程必须符合规定的农产品质量标准和规范,有毒有害物质残留量控制在安全质量允许范围内,安全质量指标符合《无公害农产品(食品)标准》的农、牧、渔产品(食用类,不包括深加工的食品)经专门机构认定,许可使用无公害农产品标识的产品。广义的无公害农产品包括有机农产品、自然食品、生态食品、绿色食品、无污染食品等。这类产品生产过程中允许限量、限品种、限时间地使用人工合成的安全的化学农药、兽药、肥料、饲料添加剂等,它符合国家食品卫生标准,但比绿色食品标准要宽。无公害农产品是保证人们对食品质量安全最基本的需要,是最基本的市场准入条件,普通食品都应达到这一要求。

凡符合《无公害农产品管理办法》规定,生产产品在《实施无公害农产品认证的产品目录》内,具有无公害农产品产地认定有效证书的单位和个人(以下简称申请人),均可申请无公害农产品认证。无公害产品认证程序主要有:

(1)申请人从中心、分中心或所在地省级无公害农产品认证归口单位领取,或者从中国农业信息网下载《无公害农产品认证申请书》及有关资料。

(2)申请人直接或者通过省级无公害农产品认证归口单位向申请认证产品所属行业分中

心提交以下材料(一式两份):①《无公害农产品认证申请书》;②《无公害农产品产地认定证书》(复印件);③产地《环境检验报告》和《环境现状评价报告》(2 年内的);④产地区域范围和生产规模;⑤无公害农产品生产计划;⑥无公害农产品质量控制措施;⑦无公害农产品生产操作规程;⑧专业技术人员的资质证明;⑨保证执行无公害农产品标准和规范的声明;⑩无公害农产品有关培训情况和计划;⑪申请认证产品上个生产周期的生产过程记录档案(投入品的使用记录和病虫草鼠害防治记录);⑫“公司加农户”形式的申请人应当提供公司和农户签订的购销合同范本、农户名单以及管理措施。

(3)分中心自收到申请材料之日起,在 10 个工作日内完成申请材料的审查工作。

(4)申请材料符合要求但需要对产地进行现场检查的,分中心组织检查员和专家组成检查组,进行现场检查。现场检查不符合要求的,中心书面通知申请人,本生产周期内不再受理其申请。

(5)申请材料符合要求(不需要对申请认证产品产地进行现场检查的)或者申请材料和产地现场检查符合要求的,分中心书面通知申请人委托有资质的检测机构对其申请认证产品进行抽样检验。

专家提示

区分普通农产品和无公害农产品的主要方法是看其在销售时是否加贴全国统一的无公害农产品标志,通过辨别标志的真伪,来判断该产品是否是无公害农产品。

揭开全国统一的无公害农产品标志,产品或包装上留有 16 位防伪数码,可以通过以下方式查询该产品是否为无公害农产品。

(1)拨打全国统一电话 16840315 或 010-64451885 查询。

(2)手机短信息查询,移动用户将 16 位防伪数码写成短信发送至 3315;联通用户将 16 位防伪数码写成短信发送至 93315。

(3)通过互联网查询,登录中国农产品质量安全网查询。网址:http://www.aqsc.gov.cn 通过查询不但能辨别标志的真伪,而且能了解认证产品的生产厂家、产品名称、品牌等相关信息。

11. 无公害产品认证标志的作用及意义是什么?

图 2-2　无公害农产品图标

(1)无公害农产品标志是由农业部和国家认监委联合制定并发布、加施于获得全国统一无公害农产品认证的产品或产品包装上的证明性标识。印制在包装、标签、广告、说明书上的无公害农产品标志图案,不能作为无公害农产品标志使用(图 2-2)。

(2)该标志的使用涉及政府对无公害农产品质量的保证和对生产者、经营者及消费者合法权益的维护,是国家有关部门对无公害农产品进行有效监督和管理的重要手段。因此,要求所有获证产品以“无公害农产品”称谓进入市场流通,均需在产品或产品包装上加贴标志。

（3）标志除采用多种传统静态防伪技术外，还具有防伪数码查询功能的动态防伪技术。因此，使用该标志是无公害农产品高度防伪的重要措施。

12. 无公害农产品在生产过程中要注意哪些问题？

随着人民生活水平的不断提高和我国加入世贸组织，人们对农产品质量的需求越来越严格，按无公害要求进行农产品生产势在必行。下面就以生产无公害蔬菜为例，说明在生产诸多环节中，最主要的“三关”。

（1）生产基地环境关　无公害农产品生产基地环境的优化技术包括三方面：①基地周边5 km以内无污染源，包括工矿和医院等，农用大气环境质量符合无公害农产品农用大气环境污染质量标准。农田灌溉水质符合无公害农产品基地生产用水标准。农田土壤符合无公害农产品生产基地农田土壤环境质量标准。②基地尽可能选在该作物的主产区、高产区、独特生态区。③基地土壤肥沃，旱涝保收。

（2）生产技术关　①选用适合当地生产的优质高产抗病虫害、抗逆性强的优良品种，少施药或不施药。②精细培育壮苗，提高秧苗素质。③合理定株，定向栽培，改善和优化调控技术，提高作物的品质和产量。④实行配方施肥，以底肥为主，增施腐熟好的有机肥，配合施用磷肥，控制氮肥的施用量。无论采用任何品种肥料追肥或叶喷，最迟应在作物收获前20 d进行，以防对农产品的污染。

（3）病虫害防治关　病虫害防治要以预防为主，生物防治为重点。①化学防治要在预测、预报的基础上掌握病虫害发生的程度、范围和发育进度，及时采取措施达到治准、治早、治了的目的，尽量减少污染。②生物防治是重点，很好地利用害虫的天敌。如青蛙、草蛉、寄生蜂和稻田放鸭等防治害虫。③实行农业和物理防治，如黑光灯诱杀害虫、用黄油板诱杀蚜虫和白粉虱、高温闷棚的方法治大棚黄瓜霜霉病，人工提虫清除病源植株。④有限度地使用有机化学农药，在必要时可以使用高效低毒农药，但要严格执行农药安全使用标准。⑤优化施药方法，实行秧田用药，减少大田用药，早治、挑治、一药多治、病虫兼治。

专家提示

无公害农产品是指产地环境、生产过程和产品质量都符合无公害农产品标准的农产品，不是指不使用农药，而是合理使用化肥和农药，在保证产量的同时，确保产地环境安全，产品安全。所以，不使用任何农药生产出的农产品也不一定是无公害农产品。

13. 什么是绿色食品？

绿色食品是指在无污染的生态环境中种植及全过程标准化生产或加工的农产品，严格控制其有毒有害物质含量，使之符合国家健康安全食品标准，并经专门机构认定，许可使用绿色食品标志的食品。为了保证食品无污染、安全、优质、营养的特性，开发绿色食品要有一套较为完整的质量标准体系。绿色食品标准包括产地环境质量标准、生产技术标准、产品质量和卫生标准、包装标准、储藏和运输标准以及其他相关标准，它们构成了绿色食品完整的质量控制标准体系。

第二次世界大战以后，欧美和日本等发达国家在工业现代化的基础上，先后实现了农业现代化。这一方面大大地丰富了这些国家的食品供应，另一方面也出现了严重的问题，就是随着农用化学物质源源不断地、大量地向农田中输入，造成有害化学物质通过土壤和水体在生物体内富集，并且通过食物链进入到农作物和畜禽体内，导致食物污染，最终损害人体健康。

在许多国家，绿色食品又有着许多相似的名称和叫法，诸如“生态食品”“自然食品”“蓝色天使食品”“健康食品”“有机农业食品”等。由于在国际上，对于保护环境和与之相关的事业已经习惯冠以“绿色”的字样，所以，为了突出这类食品产自良好的生态环境和严格的加工程序，在中国，统一被称作“绿色食品”。

14. 绿色食品标准有哪些？

绿色食品标准分为两个技术等级，即 AA 级绿色食品标准和 A 级绿色食品标准。

AA 级绿色食品标准要求，生产地的环境质量符合《绿色食品产地环境质量标准》，生产过程中不使用化学合成的农药、肥料、食品添加剂、饲料添加剂、兽药及有害于环境和人体健康的生产资料，而是通过使用有机肥、种植绿肥、作物轮作、生物或物理方法等技术，培肥土壤、控制病虫草害、保护或提高产品品质，从而保证产品质量符合绿色食品产品标准要求。

A 级绿色食品标准要求，生产地的环境质量符合《绿色食品产地环境质量标准》，生产过程中严格按绿色食品生产资料使用准则和生产操作规程要求，限量使用限定的化学合成生产资料，并积极采用生物学技术和物理方法，保证产品质量符合绿色食品产品标准要求。

绿色食品标准以“从土地到餐桌”全程质量控制理念为核心，由以下四个部分构成。

(1)产地环境标准　绿色食品产地环境质量标准规定了产地的空气质量标准、农田灌溉水质标准、渔业水质标准、畜禽养殖用水标准和土壤环境质量标准的各项指标以及浓度限值、监测和评价方法。

(2)生产技术标准　绿色食品生产技术标准是绿色食品标准体系的核心，它包括绿色食品生产资料使用准则和绿色食品生产技术操作规程两部分。生产资料使用准则包括生产绿色食品的农药、肥料、食品添加剂、饲料添加剂、兽药和水产养殖药的使用准则，对允许、限制和禁止使用的生产资料及其使用方法、使用剂量、使用次数和休药期等做出了明确规定；生产技术操作规程是以上述准则为依据，按作物种类、畜牧种类和不同农业区域的生产特性分别制定的，用于指导绿色食品生产活动，规范绿色食品生产技术的技术规定，包括农产品种植、畜禽饲养、水产养殖和食品加工等技术操作规程。

(3)产品标准　是衡量绿色食品最终产品质量的指标尺度。主要表现在对农药残留和重金属的检测项目种类多、指标严。而且，使用的主要原料必须是来自绿色食品产地的、按绿色食品生产技术操作规程生产出来的产品。绿色食品产品标准反映了绿色食品生产、管理和质量控制的先进水平，突出了绿色食品产品无污染、安全的卫生品质。

图 2-3　绿色食品图标

(4)绿色食品包装、贮藏运输标准　包装标准规定了进行绿色食品产品包装时应遵循的原则，包装材料选用的范围、种类，包装上的标识内容等。标签标准，除要求符合国家《预包装食品标签通则》外，还要求符合《中国绿色食品商标标志设计使用规范手册》规定，该《手册》对绿色食品的标准图形、标准字形、图形和字体的规范组合、标准色、广告用语以及在产品包装标签上的规范应用均做了具体规定(图 2-3)。贮藏运输标准对绿色食品贮运的条件、方法、时间做出规定，以保证绿色食品在贮运过程中不遭受污染、不改变品质，并有利于环保、节能。

专家提示

凡绿色食品产品的包装必须做到：①“绿色食品的四位一体”，即标志图形、“绿色食品”文字、编号及防伪标签。②AA级绿色食品标志底色为白色，标志与标准字体为绿色；而A级绿色食品的标志底色为绿色，标志与标准字体为白色。③“产品编号”正后或正下方写上“经中国绿色食品发展中心许可使用绿色食品标志”文字，其英文规范为“Certified Chinese Green Food Product”。④绿色食品包装标签应符合GB 7718—94《食品标签通用标准》规定。标准中规定食品标签上必须标注以下几方面的内容：食品名称；配料表；净含量及固形物含量；制造者、销售者的名称和地址；日期标志（生产日期、保质期）和贮藏指南；质量（品质等级）；产品标准号；特殊标注内容。

15. 什么是有机食品？有机农产品应具备的条件有哪些？如何进行认证？

有机食品是纯天然、无污染、安全营养的食品。它是根据有机农业原则和有机农产品生产方式及标准生产、加工出来的，并通过有机食品认证机构认证的农产品。有机农业的原则是，在农业能量的封闭循环状态下生产，全部过程都利用农业资源，而不是利用农业以外的能源（化肥、农药、生产调节剂和添加剂等）影响和改变农业的能量循环。有机农业生产方式是利用动物、植物、微生物和土壤四种生产因素的有效循环，不打破生物循环链的生产方式。

有机农产品应具备的条件有：

（1）有机食品在生产和加工过程中必须严格遵循有机食品生产、采集、加工、包装、贮藏、运输标准，禁止使用化学合成的农药、化肥、激素、抗生素、食品添加剂等，禁止使用基因工程技术及该技术的产物及其衍生物。

（2）有机食品生产和加工过程中必须建立严格的质量管理体系、生产过程控制体系和追踪体系，因此一般需要有转换期。

（3）有机食品必须通过合法的有机食品认证机构的认证（图2-4）。

图2-4　有机食品图标

有机食品认证过程为：

（1）提出申请，填写申请表。

（2）填写调查表并提供有关材料。

（3）认证机构审查材料并派遣检查员实地审查（包括产品抽样）。

（4）检查员将实地检查报告报送颁证委员会。

（5）颁证委员会根据综合材料进行评审，评审结果为：①同意颁证。②转换期颁证或有条件颁证。③不能颁证。

（6）签订标志使用合同并颁证。

目前，经认证的有机食品主要包括一般的有机农作物产品（如粮食、水果、蔬菜等）、有机茶产品、有机食用菌产品、有机畜禽产品、有机水产品、有机蜂产品、采集的野生产品以及用上述产品为原料的加工产品。国内市场销售的有机食品主要是蔬菜、大米、茶叶、蜂蜜等。

16. 无公害农产品、绿色食品、有机食品的区别是什么?

无公害农产品是指经农业行政主管部门认证,允许使用无公害农产品标志,无污染、安全、农药和重金属均不超标的农产品及其加工产品的总称。

绿色食品是我国农业部门(中国绿色食品发展中心)推广的认证食品,分为 A 级和 AA 级两种。其中 A 级绿色食品生产中允许限量使用化学合成的生产资料,AA 级绿色食品则较为严格地要求在生产过程中不使用化学合成的肥料、农药、兽药、饲料添加剂、食品添加剂和其他有害于环境和健康的物质。

有机食品是指以有机方式生产加工的、符合有关标准并通过专门认证机构(国家有机食品发展中心)认证的农副产品及其加工品,包括粮食、蔬菜、奶制品、禽畜产品、蜂蜜、水产品、调料等。

小贴士

无公害农产品、绿色食品与有机食品像一个金字塔,塔基是无公害农产品,越往上要求越严格。

17. 什么是转基因?什么是转基因食品?有机农业对转基因的态度是什么?

转基因技术是将人工分离和修饰过的基因导入到生物体基因组中,由于导入基因的表达,引起生物体性状的可遗传修饰,这一技术称之为转基因技术。人们常说的“遗传工程”“基因工程”“遗传转化”均为转基因的同义词。经转基因技术修饰的生物体在媒体上常被称为“遗传修饰过的生物体”,简称 GMO。

基因食品,就是利用基因工程手段,人为地将某些生物的基因转移到其他生物中去,通过改造生物的遗传物质,使其在营养品质、消费品质等方面向人类所需要的目标转变,以转基因生物为直接食品或为原料加工生产的食品就是转基因食品。直到目前为止,转基因食品在推出市场前都没有经过长远的安全评估,人类长期食用是否安全仍然成疑,而科学界对这些食品是否安全也没有共识。

毫无疑问,植物转基因技术将为农业生产带来一场新的革命,它将为农作物的持续增产和解决全球人口爆炸所造成的粮食危机做出巨大贡献。但也有人对这一技术持怀疑态度,认为目前人类还不能对它的潜在危险性做出正确的评价。因为转基因生物具有外来的基因,对大自然生态系统来说是全新品种,若释放到环境,会改变物种间的竞争关系,破坏原有自然生态平衡,导致物种灭绝和生物多样性的丧失。部分学者认为,转基因生物会在自然界中自我繁殖,并和其近亲品种杂交,从而使得外来基因在自然中以不可控制方式传播,造成不可挽回的基因污染。农业专家袁隆平说,政府应该特别慎重批准转基因植物商业化。科学家不能完全预知对生物进行转基因改造,有可能导致何种突变而对环境和人类造成危害。虽然实验非常成熟,但其对人类可能造成的影响,或许要在未来几代人后才显现。

专家提示

中国作为多种生物的起源地和生物多样性中心,蕴藏了大量的物种资源。一旦受到转基因生物的基因污染，不仅影响世界生物多样性的环境，还会影响到科学家运用物种和基因多样性资源解决粮食安全问题的能力。而在人们的日常生活中，转基因技术将外来基因植入人类的日常食物，例如大豆、玉米甚至大米中。长期进食转基因食品，对人类健康有何影响仍是未知之数。在国际上对转基因食品安全还有争议的时候，部分转基因食品已经在消费者不知情的情况下被端上了饭桌，严重伤害了消费者对转基因食品的知情权和选择权。

18. 什么是“农改超”和农产品连锁经营？

所谓“农改超”，是指通过政府政策的鼓励支持，引导大型流通企业或农业产业化龙头企业，对不适应经济发展、城市建设和居民消费要求的原城市农贸市场，按照超市的经营业态、经营理念对城市农贸市场进行超市化改造，使其成为经营主体组织化、经营产品标准化、经营方式超市化及服务规范化，以经营生鲜农副产品为主的超级市场。

农产品连锁经营，是指有一定经济实力的农产品流通主体实行集中采购、网络化销售、规范化经营、品牌化运作，从而实现规模效益的一种现代流通模式。具有降低流通成本、减少流通环节、提高流通效率等特点，其基本内涵是实行统一采购、统一配送、统一标识、统一经营、统一服务。连锁经营作为当今世界商品流通和服务业中最具活力的经营方式，在我国已得到积极推广，并显示出巨大的发展潜力。近年来，我省农产品连锁经营在部分地方已经起步，并取得了一定进展。

19. 什么是农产品市场准入制度？什么样的农产品不准许销售？

所谓农产品市场准入，就是要通过政府的强制性监管手段，只准许符合国家安全卫生标准的农产品入市交易和销售。全面建立农产品市场准入制度，就是要在农产品“产加销”的各个环节特别是产节，建立起一套规范完善的管理制度，使农产品市场准入有章可循、有法可依，从而在制度上保障合格农产品能够顺畅入市，同时又能将不合格农产品拒之“市”外。

以下五种农产品不得销售。

(1)使用了禁止使用的农药、兽药或者其他化学物质的；

(2)兽药等化学物质残留或者含有的重金属等有毒、有害物质不符合农产品质量安全标准的；

(3)致病性寄生虫、微生物或者生物毒素不符合农产品质量安全标准的；

(4)使用的保鲜剂、防腐剂、添加剂等材料不符合国家有关强制性技术规范的；

(5)其他不符合农产品质量安全标准的。

20. 什么是农产品贸易技术壁垒？

技术性贸易壁垒是指一个国家的政府或非政府机构，以维护国家安全、防止欺诈行为、保护人类健康或安全、保护动植物生命或健康及保护环境等理由，通过制定、发布和实施技术法规、标准和合格评定程序，形成限制其他国家产品进入该国市场的事实上的障碍。目前，发达国家运用技术性贸易壁垒保护本国农产品市场，主要表现在以下几个方面。

(1)不断颁布新的技术法规，扩大管制范围。如美国食品与药物管理局(FDA)1995年颁布的《加工和进口水产品安全卫生程序》规定，凡进口美国的水产品，其生产加工企业都必须实施危害分析与关键点控制(HACCP)管理，并经美国官方机构注册。

(2)不断对农产品增加检测项目，提高标准水平。如欧盟对中国茶叶的农药残留检测项目，从原来的6项增加到62项。

(3)实行严格的食品标签制度。如日本实行的食品标签制度，要求注明品名、原材料名称、内容量、制造年月日、制造厂家或经营商名称、适食期限、保存方法、烹调方法、使用方法、保存温度、原产国(进口品)等。

(4)实行严格复杂的合格评定程序和质量认证制度。如韩国规定，向韩国出口水果等农产品，要经过检疫部门及专家考察等多道认证手续。

(5)实行"绿色包装"制度。如丹麦以保护环境为名，要求所有进口的啤酒、矿泉水、软性饮料一律使用可再装的容器，否则拒绝进口。

(6)对出口企业采取注册备案制度及其他登记管理制度。如欧盟规定水产品和动物制品出口企业必须获得欧盟注册备案，并由欧盟官方机构发布企业名录。

21. 怎样科学储藏粮食？

夏粮收获后，怎样科学储藏，以防治各种虫害，是很多农民朋友关心的问题。目前，主要的是民间土法防治法和化学药剂防治法。

(1)民间土法防治法

①在稻谷面上铺两层干净纸，把纸贴近容器四壁，把干燥草木灰、谷壳灰、石灰适量混合堆满纸面上，再加盖封闭。该法可使稻谷储存半年以上不变质、不生虫。

②在稻谷顶部压盖2寸(约6.67 cm)左右的烟梗，能使稻谷保持半年无虫。

③如发现有蛾类害虫，可点燃蚊香密闭熏杀。先将粮面扒平，每平方米面积放置2～3个大碗，蚊香点燃后，连香架一起放进大碗里，将门窗关闭密封三天三夜，灭蛾率可达100%。应选用无毒蚊香。

④在一个大口瓶里装一些白酒，瓶口用纱布扎紧，放在打扫干净的储粮容器的底部，把晒干扬净的稻谷装进去，封盖后即可防虫。

⑤把干海带和稻谷按1∶100的比例混装在储粮容器里，一周后取出海带晒干再放进储粮器里，此法可使稻谷含水量下降3%，使粉螨及蛾类死亡率达90%以上，使各种霉菌减少60%～90%。海带取出晒干后可以重复利用，并且不影响食用价值。

⑥将花椒、茴香用纱布包起来放在稻谷表面，每50 kg稻谷用75～100 g花椒或茴香。

⑦将中草药山苍子、辣蓼草、花椒、菖蒲、樟树叶、椿树叶、除虫菊等晒干粉碎，用纱布包好，每袋0.5 kg，放在储藏稻谷上层、中层及底层，每500 kg稻谷用1.5～2 kg。用一种或几种药都行。

⑧把含有松脂较多的松柴劈成手指般大小的小段，按1∶200的比例插在稻谷堆里，密封，可以防止生虫。

⑨针对害虫交配产卵时喜爬上粮面的习性，用竹扫帚扑杀，此法对麦蛾等蛾类害虫防治效果良好。

(2)化学药剂防治法

①将磷化铝一片装入小瓶中，用纱布扎住瓶口，埋进稻谷中，每200 kg稻谷放一瓶，防虫效果很好。此法便于大、中、小密闭性储藏容器使用。

②将稻谷装进已消毒的密闭性小容量储器中，稻谷装至离容器口10 cm处时，在稻谷面上放一只小碗，将敌敌畏倒进碗里，加盖密封，每50 kg稻谷用药量10～15 g，可保证4个月内基

本无虫害。

③将谷虫净或粮虫净分层撒在稻谷堆中，每层厚度以 30 cm 为宜，最后顶层再撒一些药即可。撒药后 5 d 稻谷即可加工食用。

22. 什么是“无公害肉”和“放心肉”？如何选择安全猪肉？

无公害肉狭义上来讲就是“无公害猪肉”，是指从生猪生产基地到猪肉市场的链式食品安全全程监控的生产体系，包括对饲养、屠宰、加工、销售的全过程进行严格监控，所有环节保证安全生产，其中对生猪的饲料、药物添加剂、饮水、兽药、环境等方面均实施新的安全技术措施。无公害猪肉的特点是重金属、抗生素含量低，达到国家无公害标准，不含“瘦肉精”或其他有害激素。

“放心肉”是指生猪在屠宰时，经过屠宰部门检疫后，证明是安全无害的猪肉。“放心肉”的概念是我国针对市场上销售的猪肉不安全卫生而提出来的，国家对“放心肉”尚未制定明确的质量标准。因此，“放心肉”在某种程度上说还只是局限于定点屠宰，保证猪肉中不注水、不是病死猪肉等。

(1)私宰肉识别

在农村地区私自屠宰并销售猪肉的现象较为多见，而私宰肉未经检疫即上市，严重威胁人类健康。因此，在农村地区选择安全猪肉主要是正确识别私宰肉，识别私宰肉常用的简易方法有以下几种。

①看印章。购买猪肉时，应首先看胴体上是否有检疫验讫印章；在定点屠宰点屠宰的猪肉盖有蓝色的检疫合格印章，私宰肉则没有。

②看骨头的切口。私宰肉大多用刀砍开猪胴体，故骨头切口处不平整，而定点屠宰点则是用电锯锯猪肉，因而骨头切口处相当整齐平滑。

③看肉表的体温。私宰肉一般在入市前不久宰杀，如果在早市上购买，猪肉还保持一定的体温，颜色看上去也较为红亮。

④看光滑度。私宰肉一般不用水冲洗，因而猪肉表面不光滑。

(2)注水肉识别

①用纸试水法。将卫生纸或吸水纸贴在肥肉上，用手紧压，待纸湿后揭下来，用火柴点燃，若纸不能燃烧，则说明猪肉中注了水。

②肉眼看。未注水的猪肉呈红色、干燥、有弹性，注水肉表面“水汪汪”、弹性差，猪肉中注水过多时，水会从瘦肉上往下滴。

③触摸法。用手指按一下猪肉，然后用两个手指夹试，不注水的猪肉，指间有黏性，而注水肉则无黏感，只有水湿感。

温馨提示

猪链球菌病、囊虫病等多种疾病可通过肉类传染给人，因此，不可以私自屠宰病猪或食病死猪肉，买肉不可求便宜，要买盖检疫验讫印章的猪肉。为了有效防制猪病和保证人们的安全，发现有人私自屠宰或贩卖病猪应立即上报当地兽医卫生部门。

23. 肉类有何营养特点？如何合理选择与利用？

人们常用的肉类包括畜肉和禽肉，畜肉常指猪、牛、羊等大牲畜的肌肉、内脏等；禽肉包括鸡、鸭、鹅等家禽和野鸡、野鸭、鹌鹑等野禽的肌肉。肉类的营养特点主要有以下两个方面。

(1)蛋白质含量高　一般来讲，每 100 g 瘦肉中含蛋白质量为 12～35 g，并且所含必需氨基酸的数量和种类都较接近人体生理的需要，尤其是动物体活动范围越大、活动频数越多部位的肌肉，其蛋白质氨基酸组成比例越接近人体需要的模式，故消化吸收率较高。

(2)脂肪含量高　肉类中脂肪含量普遍高于其他食物，一般肉类脂肪的含量在 10%～30%，肥肉中可高达 90%左右，并且大多为饱和脂肪酸。肉类中胆固醇含量也高于其他食物，一般每 100 g 瘦肉中约含胆固醇 70 mg，而肥肉可含 200 mg，内脏可含 300 mg。

此外，动物肝脏富含维生素 A、维生素 B_2、烟酸、铁等营养物质。

不同肉类营养特点不一，不同人群应根据肉类不同特点选择。牛肉的营养是最丰富的，蛋白质含量高达 20%，富含血红素铁，锌、硒、锰等微量元素和各种 B 族维生素。牛肉性微温，中医认为它能补脾胃、强筋骨。牛肉适宜于各种体质的孩童，对身体瘦弱、贫血的孩子更为适宜。猪肉性平味甘，有润肠胃、生津液、补肾气、解热毒的功效，一般健康人和患有疾病之人均能食之，但患高血压或中风病者及肠胃虚寒、虚肥身体、痰湿盛、宿食不化者应慎食或少食之。

温馨提示

牛奶最好晚上喝，晚上喝牛奶有利于休息和睡眠，对老年人的睡眠更有益；晚上睡前喝牛奶还可以保证牛奶中的钙缓慢地吸收，有效防止骨钙流失、骨质疏松症等。

24. 蛋有何营养特点?

蛋类包括家禽蛋和鸟类蛋两类。家禽蛋主要有鸡蛋、鸭蛋、鹅蛋等；鸟类蛋主要有鹌鹑蛋、鸽蛋等。蛋类的营养特点包括以下几个方面。

(1)蛋白质质量优　蛋类所含的蛋白质具有人体所必需的八种氨基酸，而且相互的比值都适合人体的需要，吸收率达 95%以上。国际上用氨基酸评分来判断蛋白质的生理价值，鸡蛋被称为完全蛋白质。

(2)脂肪易吸收　鸡蛋所含的脂肪一半以上为不饱和脂肪酸，容易被人体消化和吸收。蛋黄脂肪中，其中有一半是卵磷脂、卵黄素和胆固醇，这三种物质对人的神经系统的发育有着很大的好处，是儿童和青少年生长发育所需要的营养物质。同时，蛋黄中含胆固醇高，高胆固醇导致动脉硬化、冠心病、高血压等。但因蛋黄中同时含有十分丰富的卵磷脂，它能使胆固醇和脂肪颗粒变小，并保持悬浮状态，从而有利于脂类透过血管壁，为组织所利用，使血中的胆固醇大量减少。

(3)其他营养丰富　除了蛋白质和脂肪外，蛋类还富含磷、钙、铁、维生素 C、维生素 A、维生素 D、维生素 B_1、维生素 B_2 等。

温馨提示

蛋类营养丰富，含有丰富的蛋白质、钙、磷、铁和多种维生素，对婴儿的生长发育有一定的益处，但由于婴儿胃肠道消化机能发育尚不成熟，分泌各种消化酶少，不宜食用过多，以免造成消化不良。婴儿每天只能吃 1 个蛋黄，1 岁半到 2 岁，可以隔日吃 1 个蛋，2～3 岁后，才可以每天吃 1 个蛋。成人过食蛋类也会引起腹胀、消化不良等。

第三篇

现代农业生产篇

(一)现代高效种植业

1. 现代高效农业的思路是什么?

何为高效农业?高效农业是以市场为导向,结合本地资源条件,运用现代科学技术,实现各种生产要素的最优组合,生产品种更多、数量更大、质量更优、符合标准的多系列质量安全农产品、食品,创造名、特、优品牌,实现经济效益、生态效益和社会效益全面提高,最终实现经济、社会、生态综合效益最佳的农业生产经营模式。

现代高效农业的种植业思路是什么呢?

(1)因地制宜谋发展　针对各地区来讲,发展高效规模农业、提高种植效益,实现增加农民收入,要因地制宜综合安排。首先确立"品种搭配、面积比例"的总体思路;然后围绕"当地大产业带"的规划组织实施。全力打造高效生态农业产业,大力推进一村一品、一镇一特;引进"三新"促发展。①新品种。主要是结合各地区气候、土壤等特点,安排重点引进的蔬菜、粮食等特新品种,如茄子新品种:长龙茄子、长野狼茄子、荷兰利箭长茄、美引长茄;辣椒新品种:日本长宝辣椒、天福一号辣椒、斯马特彩椒、红泰彩椒;番茄新品种:嘉耐218水果黄瓜粉果番茄、小天使樱桃番茄;西瓜新品种:密童西瓜;黄瓜新品种:津绿21-8等;特色经济作物新品种:甜叶菊。②新模式。根据引进的新品种,结合当地气候条件,选择适合的种植新模式。③新技术。结合新品种、新模式,采用新技术进行栽培管理。

(2)适度规模经营　种植业要高效,离不开适度规模化。种植业规模化发展的成功模式都始于"一村一品",它能有效地解决"多了卖不掉,少了不够卖"的问题,有了规模才能形成品牌,才能向高效迈进。

(3)形成产业　必须有效解决规模化、组织化的问题,才能形成产业大发展,才能给农民增收带来新的机遇。

小贴士

高效农业与农民切身利益直接相关,关系农民增收、关系小康进程。高效农业的综合表现就是:单位面积上农产品品种增多、质量更优、产量提高;农民经济收入增加;农村生态环境改善。高效农业是现代农业的发展方向和要求。

2. 为什么要发展高效种植业?

(1)发展高效种植业是现代农业发展的必经过程

一是人均耕地面积有限。第二次全国国土调查成果显示,我国人均耕地面积仅1.37亩,只有世界水平的1/3。其中近70%(463个)的县(市)人均耕地低于1.215亩。2/3的耕地分布在山地、丘陵和高原地区,有灌溉设施、旱涝保收的耕地不足40%。近20%的耕地受到工业"三废"和农药污染,致使每年有数百万亩农作物减产,甚至绝收。另一方面,土地的贫瘠化问题严重。进入21世纪以来,我国有19.6%的耕地有机质养分不足,缺氮、磷、钾的耕地分别占24.6%、50.8%、13.8%。现有的耕地,2/3是中低产田,与高产地块相比,产量要低40%,有的甚至低一半以上。

二是粮食面积大。截至2023年年底，全年粮食种植面积11 897万 hm^2，比上年增加64万 hm^2。其中，稻谷种植面积2 895万 hm^2，减少50万 hm^2；小麦种植面积2 363万 hm^2，增加11万 hm^2；玉米种植面积4 422万 hm^2，增加115万 hm^2；大豆种植面积1 047万 hm^2，增加23万 hm^2。棉花种植面积279万 hm^2，减少21万 hm^2。油料种植面积1 392万 hm^2，增加78万 hm^2。糖料种植面积142万 hm^2，减少3万 hm^2。

三是种植效益低。从目前种植面积大的几个农作物品种来看，种植效益普遍较低，2023年每亩纯收入水稻800元左右、小麦800元左右、油菜750元左右。主要种植的农作物品种亩平均纯效益均在1 000元以下。现在种植业仍然是低产出、低效益，粗放生产、无竞争力的传统农业，是“一季稻子一季麦、收入只有七八百”的低效农业。

(2)发展高效规模种植业是农民增收致富的必然选择

产业是发展的根基，产业兴旺，农村才能生机盎然。农民增收，是乡村振兴的重要基础，也是乡村振兴的终极目标。乡村产业是乡村经济发展的命脉所在。乡村产业发展的质量如何、规模大小，直接关系到农民收入的高低。因此，通过发展高效规模农业提高种植效益是实现增收目标的必然选择。

(3)发展高效规模种植业是发展农业生产力的必由之路

目前，大多数农户仍从事的是传统耕作，由于低效益而少投入，劳动力生产效率低、学用技术积极性不高、现代生产的意识不强，生产力发展的水平低。而发展高效规模农业将带来农业投入的增加、生产装备水平的提高、技术手段的更新、经济效益的提升，使农业综合生产水平上升到新的阶段，全面提高农业生产力。美国的现代农业生产水平和劳动生产效率全世界最高，2005年，美国全国有农场217万个，平均每个农场的土地面积为175 hm^2，平均每个农场只有1.3人进行生产和经营，真正的高效规模化、集约化生产，体现的是现代农业生产力水平。

专家提示

增加农民收入是全面建设小康社会的重要任务之一。完成这一任务要求我国农民人均纯收入年均增长速度达6%。当前，我国农业经济发展已进入新阶段，农民收入，特别是纯务农农民收入，增长缓慢，对农民人均纯收入实现年均增长6%的指标会产生重要影响，农业生产必须进入以提高品质、优化结构和增加农民收入为主，农业投资从注重传统投入到注重资本集约和技术集约相结合的优化发展阶段。

目前，国家、省、市、县大力扶持高效农业的发展。领导重视、财政支持、群众收益、典型突出，发展高效规模农业是现代农业发展的必经过程。

3. 优良品种在高效种植业中的作用有哪些？

品种是重要的农业生产资料，作物的产量和其他经济性状都是品种和栽培环境共同作用的结果，在诸多因素中占有主要地位，主要表现在：

(1)增加产量　良种一般都有较大的增产潜力和适应环境胁迫的能力。高产品种增产效果一般在20%以上，有的甚至成倍增长。

(2)提高品质　同一种水果或蔬菜，不同品种在外观品质、食用品质、营养品质、加工品质、贮运品质及风味品质上有很大差异，市场价格也相差很大。

(3)延长产品供应期　同一种作物有成熟期不同的早、中、晚熟品种配套，可以错开播种期和供应期，是实现产品周年供应的主要途径。

(4)减少环境污染 大量采用化学药剂防治的结果是造成环境污染，对人类健康造成危害，培育出大量的抗病品种，大大减少农药的使用量，也就减少了环境污染和农药残留对人类的危害。

(5)适应集约化管理，提高工作效率 现代的管理方式要求品种更适应集约化栽培，例如果树短枝型品种的应用，提高栽培密度，大大减轻了整枝、修剪等的劳作，同时减少了生产成本。

4. 何为测土配方施肥？测土配方施肥有何意义？

以土壤测试和肥料田间试验为基础，根据作物需肥规律、土壤供肥性能和肥料效应，在合理施用有机肥料的基础上，提出氮、磷、钾及中、微量元素等肥料的施用数量、施肥时期和施用方法。通俗地讲，就是在农业科技人员指导下科学施用配方肥。现代农业生产中，采用测土配方施肥具有划时代的意义，主要表现为：

(1)提高作物产量，保证粮食生产安全 通过土壤养分测定，根据作物需要，正确确定施用肥料的种类和用量，才能不断改善土壤营养状况，使作物获得持续稳定的增产，从而保证粮食生产安全。

(2)降低农业生产成本，增加农民收入 肥料在农业生产资料的投入中约占50%，但是施入土壤的化学肥料大部分不能被作物吸收，未被作物吸收利用的肥料，在土壤中挥发、淋溶，被土壤固定。因此，提高肥料利用率，减少肥料的浪费，对提高农业生产的效益至关重要。

(3)节约资源，保证农业可持续发展 采用测土配方施肥技术，提高肥料的利用率是构建节约型社会的具体体现。据测算，如果氮肥利用率提高10%，则可以节约2.5亿 m^3 的天然气或节约375万t的原煤。在能源和资源极其紧缺的时代，进行测土配方施肥具有非常重要的现实意义。

(4)减少污染，保护农业生态环境 不合理的施肥会造成肥料的大量浪费，浪费的肥料必然进入环境中，造成大量原料和能源的浪费，破坏生态环境，如氮、磷的大量流失可造成水体的富营养化。所以，使施入土壤中的化学肥料尽可能多地被作物吸收，尽可能减少在环境中滞留，对保护农业生态环境也是有益的。

专家提示

测土配方施肥技术的核心是调节和解决作物需肥与土壤供肥之间的矛盾。同时有针对性地补充作物所需的营养元素，作物缺什么元素就补充什么元素，需要多少补多少，实现各种养分平衡供应，满足作物的需要；达到提高肥料利用率和减少用量，提高作物产量，改善农产品品质，节省劳力，节支增收的目的。

5. 如何进行测土配方施肥？

(1)田间试验 是获得各种作物最佳施肥量、施肥时期、施肥方法的根本途径，也是筛选、验证土壤养分测试技术、建立施肥指标体系的基本环节。通过田间试验，掌握各个施肥单元不同作物优化施肥量，基、追肥分配比例，施肥时期和施肥方法；摸清土壤养分校正系数、土壤供肥量、农作物需肥参数和肥料利用率等基本参数；构建作物施肥模型，为施肥分区和肥料配方提供依据。

(2)土壤测试 是制定肥料配方的重要依据之一。随着我国种植业结构的不断调整，高产作物品种不断涌现，施肥结构和数量发生了很大的变化，土壤养分库也发生了明显改变。通过开展土壤氮、磷、钾及中、微量元素养分测试，了解土壤供肥能力状况。

(3)肥料配方设计　是测土配方施肥工作的核心。通过总结田间试验、土壤养分数据等，划分不同区域施肥分区；同时，根据气候、地貌、土壤、耕作制度等相似性和差异性，结合专家经验，提出不同作物的施肥配方。

(4)校正试验　为保证肥料配方的准确性，最大限度地减少配方肥料批量生产和大面积应用的风险，在每个施肥分区单元设置配方施肥、农户习惯施肥、空白施肥三个处理，以当地主要作物及其主栽品种为研究对象，对比配方施肥的增产效果，校验施肥参数，验证并完善肥料配方，改进测土配方施肥技术参数。

图 3-1　测土配方施肥技术培训

(5)配方加工　配方落实到农户田间是提高和普及测土配方施肥技术的最关键环节。目前，不同地区有不同的模式，其中最主要的也是最具有市场前景的运作模式就是市场化运作、工厂化加工、网络化经营。这种模式适合我国农村农民科技素质低、土地经营规模小、技物分离的现状。

(6)示范推广　为促进测土配方施肥技术能够落实到田间，要建立测土配方施肥示范区，为农民创建窗口，树立样板，全面展示测土配方施肥技术效果(图 3-1)。

6. 如何获得优良种子、种苗?

种子、种苗是指农作物和林木的种植材料和繁殖材料，如种子、种苗、茎、根、叶等。在农业生产中，获得优良种子、种苗的途径主要有：

(1)从切实可靠的科研单位和种子公司购买种子　种子是有生命的特殊商品，在生产、经营过程中需要有相应的技术和设施。农民朋友要购买货真价实的种子，就要到证照齐全、有信誉的种子经营单位购买，不要贪图一点便宜和一时的方便，购买那些走村串户的小商贩的种子，他们大多是倒种子赚钱，而不顾种子质量的好坏，等到发现种子质量有问题时，他们早已逃之夭夭，农民只能自认倒霉。在购买种子时，还要注意向售种单位索要注明品名、数量、价格，加盖售种单位公章、国家承认的发票，仔细问明品种的特征特性。所在地环境气候条件是否适合，对于新品种最好先引种试种。

(2)购买有商标及信誉较好的包装种子　货真价实的种子一般为：种子袋的整体包装效果美观大方；种子袋上的图形和字迹清晰；袋上明确标注品种名称、重量、注册商标、质量指标、生产单位及联系地址、电话、品种说明、生产日期、包装日期、检验日期、保质期等；种子计量准确，封口严实平整。凡是包装效果差，字迹模糊不清，袋上标注内容不明确的种子绝对不能购买。

(3)看种子的质量　质量高的种子一般净度较高，没有梗子、小土块及其他种子，种子颜色、粒型均匀一致，种子表皮富有光泽、新鲜，有些种子还具有特殊的味道，如芹菜、胡萝卜、辣椒，新种子比陈种子味道浓。种子播种后还要保留一定量的样品，万一种子质量有问题，种子播种后不能复原，可以此取得证据。

7. 江苏特粮特经作物主要指哪些作物?

江苏特粮特经作物种类较多,年种植面积近 2 000 万亩,春夏播的主要有玉米、大豆、小杂豆(红豆、绿豆等)、甘薯、花生、高粱、荞麦、特用稻等,秋冬播的主要有蚕豆、豌豆、啤酒大麦、元麦、黑小麦等,另外还有薄荷、留兰香等香料作物,甘蔗、甜叶菊等糖料作物,席草、苎麻等编织类作物以及何首乌、百合等中药材。

江苏省特粮特经作物作为重要的副食品和特种原料正逐渐受到市场的青睐,在江苏省种植业结构调整中发挥了重要作用,已成为农业增收、农民增收的新途径,是发展高效农业规模化经营的新亮点。

8. 什么是小杂粮?目前无公害小杂粮高效种植瓶颈有哪些?

小杂粮是相对杂粮而论的,泛指生育期短、种植面积少、种植地区和种植方法特殊、有特种用途的多种粮豆,其特点是小、少、特、杂。一般指高粱、谷子(图 3-2)、荞麦、燕麦、大麦、黍子、薏仁、籽粒苋以及菜豆、绿豆、小豆(红小豆、赤豆)、蚕豆(图 3-3)、豌豆、豇豆、小扁豆(后豆)、黑豆等。

图 3-2　谷子

图 3-3　蚕豆

小杂粮传统生产方式的规模小、效益低。我国大部分地区的小杂粮种植仍处于传统的、零星的、粗放式状态,“小农户”与“大市场”始终难以呈现共赢局面,究其原委莫过于:

(1)栽培品种多以农家品种自选自留为主,难以提纯复壮,选育优种。其结果是以农家自选自留品种较为混杂,参差不齐,在种植时品种品质退化严重,所得小杂粮籽粒大小、皮色、粒型均难符合市场要求。

(2)缺乏合宜的组织管理形式和信息来源。小杂粮生产主体仍然是处于自发和半自发状态的农民,生产信息主要来自前一年市场的价格信息,在双向反馈下这种盲目性极易步入恶性循环。

(3)小杂粮生产大部分是商品性生产,不仅要求高产,更必须优质才能提高小杂粮的竞争能力,这就要求小杂粮种植在生态条件最适宜或适宜地区。然而种植布局的不合理,使得品种单一,替代品种缺乏,适于机械化栽培的品种相对较少。

9. 为什么说小杂粮高效益?

小杂粮具有生育期短、耐干旱、耐贫瘠、抗逆性强的特点,为适应恶劣生长环境而形成了独特的非生物环境压迫耐受能力，从而也决定了其具有一些独特的生理活性成分。小杂粮经过加工开发后，具有丰富的营养保健价值。其蛋白质、脂肪、碳水化合物、维生素、矿物质、纤维素等营养成分是人体摄入的最合理比例。长期食用小杂粮，对糖尿病、高血脂和心血管病等都有很好的预防作用。同时，由于小杂粮的产地大都地处偏远山区、高寒地区，山高水清，土壤和空气几乎没有受到污染，所以小杂粮在绿色食品品种开发上具有天然优势。

小杂粮虽是非主流粮食，约占全国粮食作物种植面积的10%，年总产量约6 500万t，占全国粮食总产量的4%～5%，但平均每年新开发的以杂粮为原料生产的口感好的有机食品、营养食品、保健食品等系列食品和工业产品一二百种，大中型杂粮专营批发市场已有上百家，年成交量达400多万t。由于市场消费需求不断增加，加上受大宗粮食价格上涨的影响，种植面积与价格呈上升趋势，且我国小杂粮出口价格有很多优势，年出口量80×10^4～150×10^4 t，占我国粮食出口量的10%左右，创汇5亿～7亿美元，占我国粮食出口创汇总额的20%～30%。

10. 可食用观赏植物有哪些?

可食用观赏植物主要是指具有观赏价值的食用蔬菜类、食用观赏果树盆景及根茎叶花或果实、可食用的花卉或果实、可食用的花卉植物以及一些香味观赏植物。可食用观赏植物食用方法很多，常见的有制作菜肴，如用盛开的鲜花花瓣烹饪菜肴，或炒、或炖、或炸、或制作甜点，或做各种凉拌菜；直接泡饮，即将鲜花干燥后直接泡饮；作饮料，如菊花、桂花、白兰花、蜡梅花等，均可制成风味独特的花茶、花果汁等。

可食用观赏植物主要分为以下几大类。

(1)食用花卉　百合、玫瑰、牡丹、菊花、月季、桂花、茉莉、白兰花、薰衣草、香蜂花、芙蓉花、晚香玉、扶桑、番红花、金莲花、桔梗、杜鹃花、鸡冠花、金银花、万寿菊、枸杞、木槿等。

(2)观赏蔬菜　食用仙人掌、食用芦荟、五色椒、樱桃番茄、芽苗菜、紫背天葵、葵芋、红花叶生菜(图3-4)、人参菜、抱子甘蓝、荷兰香芹、菊花脑等。

(3)食用观赏果类　人参果、佛手、石榴、樱桃、枇杷、杨梅、无花果、草莓、猕猴桃、观赏南瓜、观赏葫芦(图3-5)等。

图3-4　红花叶生菜

图3-5　葫芦

11. 露地蔬菜高效种植模式有哪些?

江苏近年来蔬菜产业得到长足发展,各地经过多年的摸索和实践,创新了多种露地蔬菜高效栽培模式,取得了较为可观的经济效益,现列举几种较为成功的栽培模式。

种植模式一:越冬菜花—夏莴苣—越夏甘蓝—秋番茄。①越冬菜花。7 月底 8 月初,保护地育苗,9 月初定植,露地越冬。第 2 年开春后加大肥水管理力度,3 月中旬开始收获,4 月初结束。②夏莴苣。2 月底,拱棚育苗,4 月初定植,6 月初收获。③越夏甘蓝。5 月上旬,选用泰国夏王,露地育苗,6 月上旬定植,8 月上旬收获。④秋番茄。7 月中旬,选用早熟品种,保护地营养钵护根育苗,8 月中旬高密度定植,单干整枝,留 2 穗果,霜降前乙烯利催熟。接茬可采取 11 月上旬定植的各种对路模式。

种植模式二:早熟洋葱—夏甘蓝—秋豇豆。①早熟洋葱。严格掌握在 9 月 10—15 日内,露地育苗,11 月上旬定植,露地越冬。第 2 年开春后,加强肥水管理,4 月中下旬收获。②夏甘蓝。5 月上旬定植,必须推迟至价格最高的 7 月上中旬收获。③秋豇豆。7 月 15 日前,选用耐热耐寒的早熟豇豆品种,露地直播,8 月 20 日前后开始采摘,直至 10 月下旬结束。接茬可采取 11 月上旬定植的各种对路模式。

种植模式三:越冬甘蓝—甜瓜—越夏甘蓝。①越冬甘蓝。10 月上旬,露地育苗,11 月初定植,露地越冬。第 2 年开春后加大肥水管理力度,4 月中下旬收获。②甜瓜。3 月底 4 月初,保护地育苗,5 月上旬定植,6 月底 7 月初收获。③越夏甘蓝。6 月上旬,露地育苗,7 月上旬定植,9 月上旬收获。接茬可采取 9 月上中旬定植的各种对路模式。

种植模式四:早熟薹蒜—越夏甘蓝—秋番茄。①早熟薹蒜。9 月中旬,露地直播。第 2 年 4 月中下旬抽取蒜薹,5 月下旬收获蒜头。②越夏甘蓝。5 月上旬,露地育苗,6 月上旬定植,8 月上旬收获。③秋番茄同第一模式。接茬可采取 11 月上旬定植的各种对路模式。

12. 引进蔬菜新品种应注意哪些问题?

农户在引进蔬菜新品种时,应注意以下几个方面的问题。

一是要了解当地的消费需求。要吸取种出来无人要、卖不出、烂在地里的教训。对一个新的蔬菜品种要先少量试种,以刺激消费,待其市场培育起来后再大面积推广。

二是要因地制宜。每一个新品种都是在一定的生态环境和栽培条件下选育出来的,具有一定的适应性。种植者要在种植前详细了解该品种对气候、土壤、湿度、光照等环境因素的适应能力,尽量从与本地自然条件相似的地区引进,以增大保险系数。

三是要引进与之配套的种植技术。新品种在对环境的适应性、生育期、抗病性等方面都与老品种有很大的差别,因此需要采取相应的种植技术。引进新品种之后,如果还用老办法种植,就不能达到高产高效的目的。

四是要加强对投资少、见效快的新品种的引进。例如种早春胡萝卜品种,不需要建大棚,技术简单,效益也不错。

五是要到正规的种子部门购买种子。正规的种子繁育、经销单位,技术强、信誉好,种子质量有保证,是购种的首选目标。

13. 为什么说“小植物大效益”(空气凤梨)?

空气凤梨是地球上唯一完全生于空气中的植物,不用泥土即可生长茂盛,并能绽放出鲜艳的花朵。它们品种繁多,形态各异,既能赏叶,又可观花,具有装饰效果好、适应性强等特点(图 3-6、图 3-7)。由于有着很高的观赏价值,加上相对比较干净且容易照顾,是忙碌的快节奏生活中兼顾绿化居室和环境的首选,因此近年来有越来越多的养花爱好者种植。

目前,从美国、日本进口的空气凤梨不仅生命力极强,其净化空气的功效也十分显著。由于空气凤梨不会污染室内空气,且具有吸收不利气体的功能,这种草本今后可望进入室内“软装修”市场,成为该范畴中的热点草本材料。

图 3-6　空气凤梨壁画

图 3-7　空气凤梨窗帘

专家提示

空气凤梨白昼吸收甲醛、苯烯类化合物,夜间吸收二氧化碳,是一种十分环保的草本。因此,一些消费者就把空气凤梨引入居室和办公场所用于装饰和美化。

目前,市场上的空气凤梨产品中,因产品、地域不同差价较大。普通的单株凤梨,价格从每株几十元到二三百元不等。居室装饰类价格更高,搭配精巧的“空气凤梨草本博古架”“草本装饰画”以及“松萝空气凤梨草本窗帘”,通常标价在百元到千元以上,因此,小小植物市场大有“钱”途。

14. 室内盆栽花卉养护有哪些注意事项?

盆栽花卉是指比较小型的、栽在花盆里的花卉或植物品种,如仙客来(图 3-8)、仙人掌(图 3-9)等,盆栽花卉对环境有一定的要求,在进行养护时应注意以下几点。

(1)温度　各种盆栽花卉对温度的要求是不同的,同一室内温度不可能满足各种盆栽花卉的需求,所以室内温度不宜过高或过低,过高则花容易凋谢,过低则影响植株正常生长。喜温暖的盆花可以摆设在靠近内热源或阳光充足的地方,在靠阴面或出入口可摆设较耐寒的盆花。

(2)湿度　在室内,喜干旱的盆花应摆在光照强、通风好的地方,如摆在阴处,就会引起徒长;喜湿润的盆花应摆在不宜曝晒、潮湿的地方,若空气过分干燥,就会出现叶尖发黄的现象。要勤浇水以保持盆土湿润,有些盆花还要经常向叶面喷水,创造潮湿的环境,以满足盆花对水分的要求。

图 3-8　仙客来

图 3-9　仙人掌

(3)通风　在室内，喜干燥的盆花，应摆设在通风良好的地方，冬天中午阳光充足时，应适当开窗使空气流通。雪天少开或不开。室内搞卫生的同时，要经常向叶面喷水，除去叶面的积尘，以利于植物的呼吸作用。残花、枯枝也应及时剪除。

(4)更换位置　室内摆设的盆花，因阳光不足，湿度不够，空气流动小，灰尘过多而影响植株生长。特别是一些珍贵名种的花卉，如发生叶黄、枝萎或烂根，就不容易养好。所以，在室内要经常更换位置，最好 5～7 d 换 1 次，冬季盆花更换位置时，要注意防寒，一般在晴天中午为宜，换走的盆花也不要使其遭受冻害。

(5)越冬盆花管理　①越冬盆花放置方法：入冬后，盆花要陆续搬进室内，入室后的盆花放置位置要适当。②冬季盆花的保暖方法：可以制作简易暖房来保暖。简易暖房可在阳台、晒台上用竹子或铁杆制成棚架，外面罩上塑料薄膜，傍晚时用稻草盖在棚架上。在室内，可以用细竹片或铅丝插入盆的周围形成弓形，上面用透明的塑料薄膜套住，用绳子沿盆口扎紧，将盆花放在有阳光的地方。如果碰到天气晴朗，气温较高，中午可把薄膜除去，使其通风，以避免腐烂。也可在薄膜上留几个小孔，以利于通气。一般薄膜内层有水珠呈云雾状，说明温度和湿度均适宜。浇完水后要把薄膜除去，等水分蒸发一段时间后再盖上。③盆花冬季巧管水肥：冬季因气温低，盆花的水肥管理不同于其他季节，因时因花巧管理尤为重要。盆花冬季的浇水时间，以上午 10 点到下午 3 点为宜，且水温应与土温、气温大致接近，冬季盆花浇水一般室内盆花每周浇水一次，阳台盆花每周浇水两次。每次浇水要浇透，忌浇“半吊子水”。冬季除通过浇水保持盆土需要外，还要对植株的枝叶进行适当喷水。

小贴士

冬季盆花施肥，应以盆花种类不同而有所区别。处于休眠状态的盆花，不必施肥。观叶类盆花可施适量的复合肥。施肥的条件是室温必须高于 10 ℃，否则肥料不易被吸收。

15. 如何进行庭院草坪的养护？

随着种草热的兴起，越来越多的市民和单位在庭院角落设置小块绿地来美化环境、净化空气，提高生活质量。但由于庭院地零星分散，容易使人们忽视管理，出现杂草丛生、高低不齐现象。

(1)修剪　草地早熟禾、细羊茅、多年生黑麦草草坪或它们的混播草坪，修剪高度可控制在4～5 cm。高羊茅、斑点雀稗或地毯草草坪，修剪高度应稍高一点。普通狗牙根、假俭草、钝叶草草坪，修剪高度为4 cm左右，而杂交狗牙根和结缕草草坪，修剪高度可低至2.5～3 cm。

(2)浇水和施肥　一般条件下不浇水，干旱季节每周浇水一二次，可采用地埋式或移动式灌溉设备。氮肥施用量每年每公顷100～200 kg纯氮。

(3)除草和通气　庭院草坪上偶尔使用梳草或垂直修剪去除枯草层，典型的去除杂草的方法是施用萌前除草剂，液体的颗粒型的萌后除草剂较为常用。阔叶杂草可以用萌后选择性除草剂来防除，大片的草坪可采用打孔通气的方法。

(4)除虫除病　草坪害虫如蛴螬、长蝽、黏虫等可应用杀虫剂来控制，庭院草坪病害可用杀菌剂。

专家提示

根据庭院草坪的不同特点，在建植与养护管理中，应注意以下几方面。

(1)草种选择　①在楼群和树下遮阴较重的区域，应选择耐阴草种或品种。如冷季型草坪可选择紫羊茅与草地早熟禾等混播，暖季型草坪可选择钝叶草、地毯草；②对于开放型庭院草坪，由于易受人为践踏和破坏，应选择耐践踏、再生能力强的草种。冷季型草坪如高羊茅、草地早熟禾、多年生黑麦草等；暖季型草坪如结缕草、狗牙根等。

(2)草坪建植　住宅小区中由于地下电缆、进排水管较多，常造成草坪局部塌陷。因此，在草坪坪床的准备中，应留出一定的时间让土壤自由沉实后再平整坪床，建植草坪，以保证草坪的平坦，利于管理。此外，坪床表面略低于周围的路面，以防止雨后路面积水。

(3)庭院草坪的养护管理　在庭院草坪的施肥上，应注意以化肥为主或施用无味的有机肥，避免施用有异味或臭味的有机肥，影响草坪上空的空气质量和游人的情趣。对于病虫害应预防和根治并重，施用杀菌剂时应格外小心，不得有异味漂移或危害坪上的人们。

16. 无土草坪如何种植?

(1)播前准备　生产无土草坪的场地要求平整，不能坑坑洼洼，具备微喷、遮阴条件的场地最为理想。①整地，先将田块平整，有利于排水。为了保证草坪根系不与土壤黏在一块，还要在整好的地上覆盖一层地膜，再在地膜上覆盖草坪网。②准备基质，基质材料要根据当地情况和经济有效的原则就地取材。基质的配比，为利于无土草坪根系良好生产和集结成坪，要求基质疏松而富含有机质。农作物秸秆、蘑菇废料、木屑、煤渣、珍珠岩等或其中几种按一定的体积配比而成的混合基质，可满足无土草坪生产的需要。

(2)播种　冷季型和暖季型的高羊茅、草地早熟禾、翦股颖、狗牙根、百喜草、马蹄金等草坪草种，按不同季节均可选作无土草坪生产用种。不同草种的用种量视发芽率而定。播种前先将基质浇透水，然后按15～20 g/m^2 播种。

(3)播后管理　主要是水肥管理，播种后一周内是起苗阶段，此阶段要保持基质的潮湿，一般早晚各浇水一次，以保证出苗快而整齐。出苗后不干不浇水。出苗后看苗施肥，苗不发黄不施肥，肥料以速效肥为主。4—5月大概50 d即可成品，成品的标准是手提草，坪网苗不散。

(4)移栽　无土草坪茎叶盖度达到90%以上时就可移栽。铺植时要做到草坪与土壤的结合，铺后马上浇透水，保湿一周左右即可成活返青，以后进入正常的养护管理。

小贴士

江苏农林职业技术学院无土草坪远销全国各地，市场规范，品种不断改良，在绿化工程中写下新的篇章(图 3-10)。

图 3-10　无土草坪

17. 如何安全有效使用农药?

农药是农业生产中一种重要的生产资料，又是一个特殊的商品，它的使用是一项技术性很强的工作。

(1)准确弄清防治对象，正确用药，避免误用　①对症下药。病原不一样，防治措施也相去甚远。②治病求因。有些病(如病毒类病害)一旦侵染上作物后是很难治愈的，如柑橘黄龙病是由柑橘木虱传播的类菌质体病毒病，香蕉束顶病是由香蕉交脉蚜传播的病毒病，这两种病一旦感染，几乎没有办法治愈，只能把防治重点放在切断传毒媒介上。因此，及时防虫才是治病的关键。③对靶施药。任何病虫都有特定的发生为害部位。防治时只有把药物施向靶区才能收到良好的效果。如柑橘的橘蚜和苹果的绣线菊蚜都在树顶部的嫩梢上为害，使用非内吸性药剂防治时只有把药喷到顶梢，才能起到作用，否则就应更换内吸性很强的药剂，如吡虫啉等。

(2)详细了解农药性能，因时因地因苗用药：①光照对农药的影响。光照对植物的养分吸收也有影响，光照不足易引起缺铁、钙、磷，光照过强易引起缺锌；②温度对农药的影响。如有敌敌畏等有熏蒸作用的农药，温度高时更易发挥药效、拟烟碱类农药在相对高温效果比较好，如吡虫啉、啶虫脒；③湿度对农药的影响，如代森锌在高湿下易分解；④土壤对农药的影响，如土壤墒情差时易发生种衣剂药害，也影响除草剂效果。

专家提示

正确、合理、安全地使用农药，对提高防治效果，保护利用天敌，保护环境，防止污染和节工省本，确保农产品食用安全都有重要意义。

18. 农药混合应注意哪些问题?

(1)明确农药混合使用目的。农药混合使用主要应达到增效、兼治和扩大防治范围的目的。如不能达到上述目的，就不宜混用，否则就会造成浪费，收不到应有的效果，甚至还会造成药害。

(2)农药混合后不应发生不良的化学和物理变化。如药剂混合后不被分解，乳油不被破坏，悬浮液不产生絮聚或大量沉淀等。例如乐果、敌敌畏、马拉硫磷、杀螟硫磷、甲萘威、混灭威、杀虫双等农药属于中性农药，它们之间可以相互混用。有不少的杀虫剂、杀菌剂和除草剂遇到碱性物质很快分解失效。凡在碱性条件下极易分解的药剂，都不能与碱性物质混合使用。

(3)混合后混合药液对作物不应出现药害现象。如出现药害，就不能相互混合使用。

(4)药剂混合后，应该是提高了混合药液的药效，至少不应降低药效，也就是说，混配后要增效。

(5)药剂混合后，其混合液的急性毒性一般不能高于各自原来的毒性，也就是说不能增毒。

19. 除草剂的使用方法有哪些？

(1)土壤处理　将除草剂喷、撒或泼浇到土壤表层，施药后一般不翻动土层，以免影响药效。但对于易挥发、光解和移动性差的除草剂，在土壤干旱时，施药后立即耙混土 3～5 cm 深，氟乐灵、拉索、地乐胺等是常用的土壤处理剂。

(2)茎叶处理　应用选择性强的除草剂，并在作物对除草剂抗性较强的生育阶段时喷施。

(3)涂抹施药　在杂草高于作物时，把内吸性较强的除草剂涂抹在杂草上，涂抹时用药浓度要加大。此法最适于田间杂草较少的田地灭草。

(4)稻田药土　将湿润的细土、细沙与除草剂按规定比例混匀，配成手捏成团、撒出能散开的药土。将药土盖上塑料薄膜堆闷 2～4 h，露水干后均匀地撒施于水中。撒药土时，田中要灌适量水，施药后保水 7 d。

(5)稻田甩施　使用乳化性好、扩散性强的除草剂，在原装药瓶盖上戳 2～3 孔，将原药液甩施到稻田里。甩施时，田中保持适量水。

(6)覆膜除草　地膜覆盖栽培的作物，在播种后喷施除草剂稀释液，然后覆盖地膜。此种方法用药量一般较常规用药量减少 1/4～1/3。

专家提示

使用除草剂应注意以下几点。

(1)严格按照规定的用量、方法和程序配制使用，不得随意加大或减少药量。注意除草剂的使用适期和使用方法。播后苗前使用的除草剂不能苗后使用，土壤处理剂不能用于茎叶处理。

(2)使用除草剂要避免药害。在作物的敏感期内使用除草剂，容易使作物产生药害。所以，要避开作物敏感期用药。使用除草剂进行茎叶处理时，以在杂草 2～6 叶期喷施效果最好。

(3)除草剂不宜在高温、高湿或大风天气喷施。一般选择气温在 20～30 ℃的晴朗无风或微风天气喷施。喷施时，喷孔方向要与风向一致，走向要与风向垂直或夹角不小于 45°，且要先喷下风处，后喷上风处，防止药液随风飘移，伤害附近敏感作物。

20. 农药中毒如何急救？

农药中毒，一般是指有机磷农药中毒，常常因喷洒时违反操作规程或误服而引起。有机磷农药主要有乐果、敌百虫、内吸磷、马拉硫磷等 60 余种。若出现轻度中毒症状，如头昏、头痛、恶心、腹痛、流口水、出汗等时，说明农药已经由皮肤、气管或胃肠吸收进入了人体，这时应及时妥善地进行护理，否则会造成严重后果。

常见的农药急性中毒的症状有：异常疲乏无力，异常头痛，头晕，流汗，肌肉抽搐，流涎，呼吸困难，眼睛受刺激，视力模糊，瞳孔缩小，皮肤出现红疹，腹痛腹泻，呕吐，休克等。农药中毒的急救方法主要有：

（1）脱离现场　迅速将病人抬移出现场，并脱去被污染的衣帽、鞋袜等。

（2）冲洗　用微温水或肥皂水充分冲洗污染的皮肤、头面部等，并保暖。

（3）洗眼　眼睛用生理盐水冲洗，禁用热水或酒精冲洗，以免血管扩张增加毒物的吸收。

（4）催吐　病人不能配合者，不用此法。禁用阿扑吗啡催吐，因为此药会抑制中枢。

（5）洗胃　洗胃对口服中毒者尤为重要。有条件时可用 2%碳酸氢钠溶液洗胃，敌百虫中毒禁用此药洗胃。或用 1∶5 000 高锰酸钾液，反复洗胃直至水清为止。

（6）导泻　可用硫酸钠 20 g，口服后再喝 1 000 mL 水。忌用硫酸镁导泻，以免加重抑制呼吸中枢。

（7）控制饮食　在洗胃、催吐之日禁食，以后可以流质开始，逐渐吃普食。

（8）应用解毒药　阿托品为首选药物，轻者 0.5～1 mg 皮下注射，重者 2～5 mg 静脉注射。注射后如症状仍逐渐加重，再增加阿托品的次数和用量，但要防阿托品中毒。

（9）血液净化法　重症可换血或透析，此项需在有条件的医院进行。

21. 什么是生物农药？生物农药在生产应用上有哪些优势？

生物农药是指利用生物活体或其代谢产物对害虫、病菌、杂草、线虫、鼠类等有害生物进行防治的一类农药制剂，或者是通过仿生合成具有特异作用的农药制剂（图 3-11）。

生物农药与化学农药相比，其有效成分来源、工业化生产途径、产品的杀虫防病机理和作用方式等诸多方面，有着许多本质的区别。生物农药更适合于扩大在未来有害生物综合治理策略中的应用比重。概括起来生物农药主要具有以下几方面的优点。

图 3-11　生物农药

（1）选择性强，对人畜安全　目前，市场开发并大范围应用成功的生物农药产品，它们只对病虫害有作用，一般对人畜及各种有益生物（包括动物天敌、昆虫天敌、蜜蜂、传粉昆虫及鱼、虾等水生生物）比较安全，对非靶标生物的影响也比较小。

（2）对生态环境安全、无污染　生物农药控制有害生物的作用，主要是利用某些特殊微生物或微生物的代谢产物所具有的杀虫、防病、促生功能。其有效活性成分完全存在和来源于自然生态系统，它的最大特点是极易被日光、植物或各种土壤微生物分解，是一种来于自然、归于自然的正常物质循环方式。因此，可以认为它们对自然生态环境安全、无污染。

（3）可以抑制害虫流行病　一些生物农药品种（昆虫病原真菌、昆虫病毒、昆虫微孢子虫、昆虫病原线虫等），具有在害虫群体中水平或经卵垂直传播的能力，在野外一定的条件之下，具有定殖、扩散和发展流行的能力，不但可以对当年当代的有害生物发挥控制作用，而且对后代或者翌年的有害生物种群进行一定的抑制，具有明显的后效作用。

（4）可利用农副产品生产加工　目前，国内生产加工生物农药，一般主要利用天然可再生资源（如农副产品的玉米、豆饼、鱼粉、麦麸或某些植物体等），原材料的来源十分广泛，生产成本比较低廉。因此，生产生物农药一般不会产生与利用不可再生资源（如石油、煤、天然气等）生产化工合成产品争夺原材料。

专家提示

关于生物农药的范畴，目前国内外尚无十分准确统一的界定。按照联合国粮农组织的标准，生物农药一般是天然化合物或遗传基因修饰剂，主要包括生物化学农药（信息素、激素、植物调节剂、昆虫生长调节剂）和微生物农药（真菌、细菌、昆虫病毒、原生动物，或经遗传改造的微生物）两个部分，农用抗生素制剂不包括在内。我国生物农药按照其成分和来源可分为微生物活体农药、微生物代谢产物农药、植物源农药、动物源农药四类。按照防治对象可分为杀虫剂、杀菌剂、除草剂、杀螨剂、杀鼠剂、植物生长调节剂等。就其利用对象而言，生物农药一般分为直接利用生物活体和利用源于生物的生理活性物质两大类，前者包括细菌、真菌、线虫、病毒及拮抗微生物等，后者包括农用抗生素、植物生长调节剂、性信息素、摄食抑制剂、保幼激素和源于植物的生理活性物质等。但是，在我国农业生产实际应用中，生物农药一般主要泛指可以进行大规模工业化生产的微生物源农药。

22. 常用的生物农药有哪些?

目前在生产上使用的生物农药主要有以下几种。

（1）B. t乳剂　乳化性能好，杀虫谱广。主要防治对象有松毛虫、玉米螟、棉铃虫、黏虫、稻纵卷叶螟、茶毛虫等。B. t乳剂是一种胃毒剂，害虫食后能产生一种特殊的酶，这种酶可以分解昆虫肠道中的一种蛋白质，使害虫肠道穿孔，肠道里的东西流入体腔，最后得败血症死亡。使用时应掌握气温 15 ℃以上，一般以 20 ℃为宜，施用时间应比施用化学农药提前 2～3 d。

（2）青虫菌和杀螟杆菌　菜青虫吃了黏有青虫菌的菜叶，肠壁会很快穿孔，变成团团泥浆而死。杀螟杆菌用于防治稻纵卷叶螟、三化螟，还能防治苍蝇、蚊子、黏虫、松毛虫、白蚂蚁、稻苞虫等害虫。

（3）白僵菌　对防治松毛虫和水稻害虫黑尾叶蝉有特效。白僵菌液接触害虫后，通过体壁进入害虫体内，很快萌发菌丝，吸收害虫体液，使害虫变僵发硬而死。

（4）井冈霉素　防治水稻纹枯病有特效。抑制水稻纹枯病菌丝，有效期长达 15～20 d，耐雨水冲刷，对人畜安全无毒。

（5）农用抗生素和植物抗生素　生产上应用的抗生素有春雷霉素、庆丰霉素、多抗霉素、土霉素、灰黄霉素、放线菌酮链霉素等。如农抗 120 是一种新型的农用抗生素，对瓜、果、蔬菜、花卉、麦类、烟草的白粉病及水稻、麦类的纹枯病，具有很好的防治效果。

23. 如何正确使用生物农药?

生物农药与化学农药相比，由于其具有持效期长、高效、低毒、无污染、无残留等优点，越来越多地被应用于农业生产，尤其是“绿色食品”生产。但是，生物农药也有稳定性差、防治速度慢、药效受环境因素影响较大等缺点。因此，了解生物农药的特性，正确掌握其使用方法，十分必要。

一是掌握适宜的使用温度。生物制剂农药喷洒的适宜温度是 20 ℃以上。因为这类农药的成分是蛋白晶体和有生命的芽孢，若在低温下施用，则芽孢在害虫体内繁殖极慢，蛋白晶体也不易发生作用。研究表明，在 25～30 ℃的条件下使用生物农药，其药效要比在 10～15 ℃时使用高 2 倍左右。

二是掌握适宜的使用湿度。使用生物制剂农药，环境湿度越高药效越高，尤其是在使用粉状生物制剂时，只有在高湿的情况下，药效才能得到充分发挥。细菌粉剂宜在早晚有露水时施用，以有利于菌剂较好地黏附在植物的茎叶上，增加与害虫肌体的接触机会，并促进芽孢的繁殖，提高杀灭效果。

三是掌握适宜的使用时间。太阳光中的紫外线对生物制剂农药中的芽孢有杀伤作用。试验表明，药物喷洒后，若阳光直接照射 30 min，则芽孢可死亡 50%左右；若直接照射 1 h，则芽孢的死亡率高达 80%以上。因此，为避免太阳光中紫外线的杀伤作用，施用生物制剂农药最好在下午 4 时以后进行。

四是掌握正确的使用方法。生物农药的使用，主要有喷洒、浇灌、拌种、浸种、盖籽、蘸根等方式。使用时，也可有选择地与肥料混用，但须注意不能与杀菌剂混用，以免降低药效。药物施用后，中到大雨会将喷洒到植株表面的药液冲刷掉，故施药后 4 h 之内遇雨需要重喷(5 h 后遇小雨不会降低药效)。此外，生物农药最好早用，如果保存时间过长，就会使其生物活性降低，防治效果变差甚至失效。

24. 如何选购农业机械?

农业机械的选购必须坚持实用和有效的原则，综合起来应该注意以下几个方面。

(1)了解农机的性能　了解该农业机械的构造、工作原理、使用操作特点和保养、保管方法。

(2)正确选择农机型号　选择型号主要是使其机械性能满足生产中的需要。例如，在购买耕地机械时，一般地区可以购买普通铧式犁；如果小块坡地作业，最好买可以两面翻土的双向铧式犁，它比普通一面翻土的铧式犁使用方便，作业质量好；如果是在菜园地使用，则买旋耕机更实用些。

(3)农业机械与动力机配套　动力配套主要是指动力机的功率和转速要满足配套机械的需要。一般小型动力机的功率，电动机应等于配套农业机械所需功率的 1.05～1.3 倍，内燃机应等于配套农业机械所需功率的 1.3～1.5 倍。转速相同时，配套农业机械可以直接安装使用；转速不一致时，必须改装传动设备。

(4)农机使用性能好　要考虑操作、安装、保养以及更换备件的方便性。例如，使用有液压装置的悬挂犁和牵引式铧式犁同样耕地作业时，前者较后者少用一个农具手，避免了地头起落犁的紧张配合作业，而且地头转弯和空行程也大大减少。

(5)农业机械产品质量合格　应购买已经鉴定定型(部或省、市级)的产品，特别是经过评选的获奖(金质、银质、优质奖)产品。

(6)农业机械零、配件供应有保障　要了解当地对该农业机械的修理能力和零、配件的供应情况，一般应该优先购买本省、本地区生产的定型产品。

25. 如何安全驾驶农业机械？

(1)农业机械驾驶、操作人员行为规程

①必须按规定经农机安全监理部门考验合格，领取驾驶、操作证后，方可驾驶、操作与证件签注相符的农业机械。

②参加农业机械作业的人员都必须经过安全教育学习，掌握本项作业的安全操作规程。

③不准驾驶、操作未经检验或检验不合格的农业机械。

④作业时必须具有驾驶证、操作证、行驶证、准用证、检验合格证(图 3-12)。

图 3-12　安全驾驶农业机械培训

(2)农业机械田间作业规程

①驾驶、操作人员作业前须查看作业现场，对于危险地段和不明显的石头、树根等障碍物，须做出标记或清除。

②驾驶员与农具手之间须有信号联系。

③农具手须坐、站在规定的操作位置上，其他位置不准坐、站人；悬挂式农具升降时，不准坐、站人(对有特殊要求的农具例外)；农具升起后不准在其下面清除泥土、杂草或保养、调整及排除故障。

④农具作业时，不准用手、脚或用工具清除农具上的泥土、杂草；不准在作业中保养、调整和排除农具故障，需要时须在停车和切断动力后进行。

⑤机具上不准堆放物品。

(3)使用悬挂农具须遵守的规定

①拖拉机与农具挂接后，应插好安全销，调整限位链；下拉杆后端的横向摆动不得过大。

②起步要平稳，转弯时须减速，不准操作过猛。

③作业时，分置式液压操纵手柄必须放在“浮动”位置，禁止放在“压降”位置；半分置式及整体式液压装置，应根据土壤比阻和地表起伏情况，正确使用位调节和力调节手柄。

④地头转弯或过沟埂时，应将农具升到最高位置。

⑤农具远距离运输时，必须调短上拉杆，同时用定位阀定位，并用锁紧装置将农具固定。

⑥升起农具排除故障或更换零件时须将其支撑牢靠。

⑦机具不准悬挂停放。

26. 如何验收联合收割机？

新购买的联合收割机(图 3-13)，在验收时注意以下事项。

(1)当面验货　检查所购产品的产品合格证、使用说明书、三包凭证等随机文件是否齐全；检查所购产品的随机工具、附件、备件是否与装箱单一致；认真核对产品编号、发动机编号、出厂日期是否与产品合格证上所写的内容一致。

(2)索要发票　索要税务部门统一监制的正式发票，发票要有税务章和财务章，写清楚购买时间、产品名称、数量、规格、型号、价格等。发票是今后解决质量纠纷的重要依据。

(3)外观质量检查　主要是检查各连接部位螺栓的紧固情况；检查发动机是否有三漏(漏

油、漏水、漏气)现象;检查各焊接部位是否焊接牢固,焊缝平直,无漏焊、虚焊、开焊缺陷等。

(4)发动机检查　进行摇车检查、柴油机启动性能检查、柴油机空运转检查、柴油机加速性能检查,确认发动机工作正常,照明、喇叭、信号等电气设备、元件工作正常。

图 3-13　联合收割机

(5)各工作部件和操纵杆(手柄)检查　驾驶台各操纵杆或手柄的动作应灵活,功能可靠,各仪表指示正常;各工作部件运动中无异响,轴承处温度正常(不烫手);收割台的切割器运动灵活无卡滞现象;各调整部位调节灵活,并能在规定的范围内进行调节;用手转动各转动部件,若转动轻快,表明转动部件和轴承安装正确。

(6)空驶检查　变速箱能按要求变速;离合器分离彻底,结合平稳、可靠,无异响;转向装置调整适当,操纵轻便、灵活、可靠,履带张紧合适;制动装置调整适当,作用良好,符合要求,液压系统工作正常,割台升降、拨禾轮升降等可靠。

27. 什么是农业机械的保养?保养包含哪些内容?

为了减少机械的磨损和发生故障的频率,并保证机械处于良好的技术状态以延长机械的使用寿命,在使用过程中应对机械的各部件进行定期清洁、润滑、紧固、检查、调整等维护保养措施,称为农业机械的保养。

农业机械的保养要严格按照使用说明书及当地农机管理部门规定的内容进行,而高级保养则应在技术人员指导下进行。农业机械的保养要按照燃油消耗量确定保养周期,按时、按号、按项、按技术保养要求进行保养,达到技术保养标准,确保机具处于完好的技术状态。依据“防重于治、养重于修”的原则,切实执行技术保养规程。①燃油动力机械要做到四不漏(不漏油、不漏水、不漏气、不漏电)、五净(油、水、气、机器、工具)、六封闭(柴油箱口、汽油箱口、机油加注口、机油检视口、汽化器、磁电机)、一完好(技术状态完好);②配套农具要实行周期修理,做到三灵活(操作、转动、升降)、五不(不旷、不钝、不变形、不锈蚀、不缺件)、一完好(技术状态完好)。

(二)现代高效养殖业

1. 农民发展养殖致富要注意哪些问题?

随着农业产业结构的调整,越来越多的农民靠发展养殖来致富。发展养殖致富不可盲目跟从或心血来潮,计划发展养殖致富的农民应多了解相关信息,慎重发展。重点注意以下问题。

(1)掌握相关信息　及时了解国家及各级党政、机关关于发展养殖业的各项方针、政策和措施,同时要了解项目是否符合国家的有关要求,比如环保要求等。准确获得有关市场信息,包括产品在市场上的定位,同类产品生产、销售情况及其发展的趋势。获得信息的途径有多种,包括报纸、电视等。近年来,网络信息量大而及时,很值得参考,如中国养殖网、中国养殖技术网、农业养殖网、特种养殖网、水产养殖网等。

(2)掌握养殖技术　养殖业对技术要求较高，没有技术或技术保障切不可盲目发展养殖项目，特别是特种经济动物养殖项目。技术可以通过专业培训学习，也可以通过和专业技术人员合作获得。近年来，大中型企业发展的"公司＋农户"模式，一般都能提供技术保障。

专家提示

发展养殖致富要信息灵、善应变、不盲目、不硬搬、不违规，防止重大轻小、贪大求新、前紧后松、重上轻管、杀鸡取卵等不科学现象。

2. 什么是生态养殖?

生态养殖指根据不同养殖生物间的共生互补原理，利用自然界物质循环系统，在一定的养殖空间和区域内，通过相应的技术和管理措施，使不同生物在同一环境中共同生长，实现保持生态平衡、提高养殖效益的一种养殖方式。其最大的特点就是在有限的空间范围内，人为地将不同种的动物群体以饲料为纽带串联起来，形成一个循环链，目的是最大限度地利用资源，减少浪费，降低成本。

随着人们生活水平的不断提高，消费者对生态畜禽产品的消费需求日益增长，用集约化、工厂化养殖方式生产出来的品质、口感均较差的畜禽产品，已不能满足广大消费者日益增长的消费需求，因而现代生态养殖应运而生。现代生态养殖是有别于农村一家一户散养和集约化、工厂化养殖的一种养殖方式，是介于散养和集约化养殖之间的一种规模养殖方式，它既有散养畜禽"产品品质高、口感好"的特点，也有集约化养殖"饲养量大、生长相对较快、经济效益高"的特点。如"鸡—猪—蝇蛆—鸡、猪"立体生态养殖模式，即是以鸡粪喂猪，猪粪养蝇蛆后肥田，蝇蛆制粉，含蛋白质高达63%，用来喂鸡或猪，饲养效果与豆饼相同，更重要的是，蝇蛆含有甲壳素和抗菌肽，可以大幅度提高猪、鸡的抗病力。这种模式，既节省了饲料粮和日常药物投入，又使鸡粪作了无害化处理，经济效益和环境效益均十分明显。

3. 什么是无公害畜产品生产技术?

无公害畜产品是指产地环境、生产过程和产品质量符合国家有关标准和规范的要求，经认证合格获得认证证书并允许使用无公害农产品标志的未经加工或者初加工的食用畜产品。

无公害畜产品和绿色畜产品、有机畜产品一样，都是安全的畜产品，它们之间没有级别关系，只是分别从属于不同的标准体系和认证机构。无公害畜产品由政府推动，省级畜牧兽医行政管理部门主管无公害畜产品产地认定、公告及监督管理工作。县以上畜牧兽医行政管理部门负责本行政区域内无公害畜产品产地的初审、推荐、考察及监督管理工作。无公害畜产品主要包括猪肉、鸡肉、牛肉、羊肉、兔肉、鸡蛋、生鲜牛奶、猪肝、蜂蜜、蜂花粉等。无公害畜产品生产技术主要包括以下内容。

(1)产地环境　产地环境质量与条件包括空气环境质量、畜禽饮水和畜禽产品加工用水质量必须符合NY/T 388-1999(畜禽场环境质量标准)及NY 5027-2008(无公害食品 畜禽饮用水水质)和NY 5028-2008(无公害食品 畜禽产品加工用水水质)标准要求。废弃物及污水排放和处理必须达到GB 18596-2001(畜禽养殖业污染物排放标准)标准的规定。

（2）养殖场的选址与建筑布局　养殖场应距交通要道、公共场所、居民区、城镇、学校 1 000 m 以上，距医院、畜禽产品加工厂、垃圾及污水处理场 2 000 m 以上，周围应有围墙或其他有效屏障。建筑布局应严格执行生产区与生活区、行政区相隔离的原则。人员、动物和物资运转应采取单一流向，进料和出粪道严格分开，防止交叉污染和疫病传播。养殖场大门入口处设置宽与大门相同、长等于进场大型机动车车轮一周半的水泥结构消毒池。生产区门口设有更衣室、消毒室或淋浴室。畜禽舍入口处要设置与入口等宽，长 1 m 的消毒池，或设置消毒盆以供进入人员消毒。养殖场应备有健全的清洗消毒设施，防止疫病传播，并对养殖场及相应设施如车辆等进行定期清洗消毒。各类饲养动物养殖场的选址、建筑布局、生产技术规程与设施设备应符合相应标准要求。

（3）生产环节

①引种应从取得《种畜禽生产经营许可证》和《动物防疫条件合格证》的种畜禽场购买，并按照规定进行检疫。外购商品畜禽应依照《动物检疫管理办法》的规定进行检疫。

②各类饲养动物饲料及饲料添加剂的使用应符合相应标准及农业部 105 号公告《允许使用的饲料添加剂品种目录》的要求。

③各类饲养动物兽药的使用应符合相应标准要求。禁止使用国家禁用、淘汰的畜牧业生产投入品。用药有休药期要求的必须按规定执行。

④养殖场应取得《动物防疫条件合格证》，采取全进全出的饲养方式；工作人员应定期体检，生产人员进入生产区时应淋浴消毒，更换衣鞋，工作服应保持清洁，定期消毒。非生产人员需经淋浴消毒，更换防护服后方可入场。定期对器具、畜禽舍及其周围环境进行消毒；养殖场应根据《中华人民共和国动物防疫法》及其配套法规的要求，结合当地实际情况，有选择地进行疫病的预防接种工作，并注意选择适宜的疫苗、免疫程序和免疫方法。发生疫病或怀疑发生疫病时，应及时采取措施。同时制定疫病监测方案，接受当地动物疫病监测机构定期或不定期的疫病监督抽查，并将抽查结果报告当地畜牧兽医行政管理部门。

⑤各类饲养动物防疫措施包括免疫接种、疫病监测、消毒、灭鼠、杀虫等措施应符合相应标准及《中华人民共和国动物防疫法》和 GB/T 17823-2009 的规定。对病死或淘汰畜禽的尸体必须按规定进行无害化处理。畜禽出售前应按《动物检疫管理办法》进行检疫，并符合《动物免疫标识管理办法》的规定后才准出场。

⑥畜产品加工企业的待宰畜禽必须来自无公害畜产品产地，并持有动物产地检疫证等有效证明。畜产品加工厂应按照 GB 12694-2016、GB/T 17236-2019 及 GB/T 17237-2008 的要求进行加工。各类无公害畜产品的感官指标、理化指标、微生物指标应符合相应标准要求。无公害畜产品的包装和标签也应符合相应规定。

4. 什么是发酵床养殖技术？

发酵床养殖是在畜禽圈内地面垫上一层厚的垫料（如木屑、锯末、刨花、谷壳等），垫料中加入高活力的微生物菌种。垫料吸附猪排泄的粪和尿，然后被吸附在垫料缝隙中的微生物所分解利用，粪便中的碳水化合物和氮素在好氧发酵过程中，被彻底和直接分解成为二氧化碳，消除恶臭，抑制害虫、病菌，同时，有益微生物菌群能将垫料、粪便合成可供畜禽食用的糖类、蛋白质、有机酸、维生素等营养物质，增强畜禽抗病能力，促进畜禽健康生长。应用发酵床养殖专用菌剂配套的生态养殖技术，可彻底解决养殖对环境的污染，提高饲料利用率和畜禽肉品质，是一种无污染、高效益的环保养殖技术。

发酵床分地下式发酵床和地上式发酵床两种。地下式发酵床要求向地面以下挖 80～100 cm，填满制成的有机垫料。地上式发酵床是在地面上砌成，再填入已经制成的有机垫料即可。

专家提示

发酵床养殖技术是一种无污染、零排放的环保农业技术，是传统养殖模式的一场革命，许多地方政府对发酵床养殖有政策上的支持。

5. 什么是集约化畜牧业？集约化养猪应注意什么？

“集约化畜牧业”是现代化畜牧业的经营方式，是相对于“粗放畜牧业”的经营方式而言的一种现代养殖形式。所谓“集约化经营”就是一种“高投入，高产出、高效益”经营方式。也就是“以较多的资金、科技或劳动的投入，获取较多的产出，并获取较高的社会效益、经济效益和环境效益”的一种经营模式。“集约化经营”可分为资本密集型和劳动集约化两种。当前，与发达国家相比，我国农牧业的集约化主要是劳动的集约化，今后随着社会生产力的发展，劳动集约化将逐步转变为资本集约化为主的经营。

随着集约化畜牧业的发展，我国农村家家户户散养猪的模式已越来越少，集约化养猪业发展迅速。发展集约化养猪注意事项如下。

（1）加大品种改良　在集约化养猪经营中，必须利用经济价值高、产肉性能好的猪种，要求产仔多、生长快、耗料少、产肉多、肉质好，而且一般饲养总成本低于社会平均水平。

（2）降低饲料费用　饲料费用在一般养猪成本中可高达 65%～75%，在集约化养猪经营中，降低猪只每千克增重所需要的饲料费用对提高经济效益尤为重要。

（3）加强防疫　疾病往往可以给集约化养猪带来重大危害，应加强防疫消毒措施，严格贯彻预防免疫程序，执行预防为主的健康管理。只有通过加强防疫卫生措施，才能保证养猪经营顺利进行。

（4）加强管理　发展集约化养猪既要有经济头脑，还要精通技术。经营者必须能控制住猪种、饲料和防疫、人员与财务，才能使生产、销售和管理相互平衡，最终实现经营目标。只有掌握住各环节的平衡关系，才能顺利推动养猪经营的发展。

6. 什么是全价配合饲料、浓缩料、预混料？

饲料是按照动物的饲养标准和环境要求配制的营养均衡的日粮。一般分为全价配合饲料、浓缩料、预混料。

（1）全价配合饲料　是指按照饲养标准的要求，把各种能量原料、蛋白质原料加上一定比例的添加剂，科学合理混合而成。对养殖户来说，使用很方便，效果也稳定。在养猪过程中教槽料的使用，使早期断奶的乳猪保持良好的生长速度，最终提高生产性能。现在市场中优质的教槽料有很多，深受养殖户的欢迎。

（2）浓缩饲料　是指按照饲养标准的要求，把各种蛋白质原料，如鱼粉、豆粕加上一定比例的添加剂，科学合理混合而成。浓缩料是畜禽日粮精华部分，主要特点是蛋白质含量很高，达 35%以上，各种必需氨基酸、维生素、无机盐也有足够分量。浓缩饲料在我国的畜牧业生产中应用已经十分广泛。

（3）预混料　是添加剂预混合饲料的简称，它是将一种或多种微量组分（包括各种微量矿物元素、各种维生素、合成氨基酸、某些药物等添加剂）与稀释剂或载体按要求配比，均匀混合后制成的中间型配合饲料产品。预混料是全价配合饲料的一种重要组分。

7. 什么是特种经济动物养殖？

特种经济动物分为药用动物、裘皮（革）用动物、肉用特种畜禽和观赏动物等几大类。狭义而言，我国目前饲养的特种经济动物主要指国家林业局在 2016 年发布的可以从事商业性经营利用、驯养繁殖技术成熟的 48 种陆生野生动物。广义而论，特种经济动物还包括一些水产经济动物（鱼、虾、蟹和贝等），畜禽的特殊品种（乌骨鸡、鸽和观赏犬等）和因特殊需要驯养繁殖利用的陆生野生动物（鸿雁、熊和狍等）。

与普通畜禽养殖相比，特种经济动物养殖具有以下特点。

（1）高投入、高产出　一般来讲，特种经济动物养殖成本相对较高。主要表现为引种费用相对较高，特殊圈舍设计，特制饲料成本均相对较高。同时，特种经济动物养殖的效益一般较好，利润空间较大。

（2）养殖技术要求较高　特种经济动物的种类繁多，因各自的生物学特性不同，需要不同的饲养管理方法，需要饲养人员掌握相关的科学技术。目前，专用于防治特种经济动物疾病的疫苗和药品相对较少，一般都是参考使用畜禽用疫苗或药品。同时，特种经济动物的产品加工技术复杂，如鹿茸、裘皮的加工对产品质量的影响很大，不同等级的产品价格相差悬殊。

（3）市场行情变化难测　特种经济动物产品市场供求不稳定，受社会经济发展水平、特种经济动物养殖水平等诸多因素影响。同时，特种经济动物养殖涉及林业、农业和商业等多个行业，各管理部门之间缺乏协调，没有成立强有力的行业管理组织，供求市场混乱，存在着倒种、炒种和欺诈等现象。特种经济动物养殖市场行情难以把握，市场价格波动幅度巨大，属高风险养殖。

8. 江苏有哪些优良品种家畜？

江苏优良的品种家畜有梅山猪、二花脸猪、海门山羊等，它们主要的特点简介如下。

（1）梅山猪　是太湖猪类群之一，其特征是体形较小，四肢结实，身体细致紧凑，“四脚白”。以产仔多、性成熟早、肉质鲜美等优秀种质特点闻名世界。适宜于圈养的饲养方式，宜用精、青、辅料适当搭配饲喂，要注意防寒保暖，加强分娩护理（图 3-14）。

图 3-14　梅山猪

（2）二花脸猪　被国际畜牧界誉为世界猪种产仔之王，骨骼介于梅山猪与米猪之间。头大额宽，额部皱褶多、深，耳特大、软而下垂，耳尖齐或超过嘴角，形似大蒲扇。全身被毛黑色或青灰色，毛稀疏，毛丛密，毛丛间距离大，腹部皮肤多呈紫红色，也有鼻吻白色或尾尖白色的。二花脸猪肉质鲜美。但生长速度慢，产肉量远不及普通肉猪，而且瘦肉率较低(图 3-15)。

(3)海门山羊　产于海门,属肉、皮、毛兼用型山羊地方品种。被毛白色而富有光泽,头大小适中,嘴狭长,公母羊均有角、须,颈细长,身体结构匀称,背腰平直,四肢端正,蹄壳结实。发育成熟早,3～5 月龄性成熟,母羊终年发情,多在春秋两季配种,二年 3 胎或一年 2 胎,平均产羔率 228.57%。成年公羊平均体重 28 kg,母羊平均体重 18 kg(图 3-16)。

图 3-15　二花脸猪

图 3-16　海门山羊

9. 江苏有哪些优良品种家禽?

江苏优良品种家禽有高邮鸭、太湖鹅等,它们主要的特点简介如下。

(1)高邮鸭　是较大型的蛋肉兼用型麻鸭品种。主产于江苏省高邮、宝应、兴化等县市,分布于江苏北部京杭运河沿岸的里下河地区。觅食能力强,善潜水,适于放牧。背阔、肩宽、胸深,体躯长方形。公鸭头和颈上部羽毛深绿色,有光泽;背、腰、胸部均为褐色芦花羽;腹部白色,臀部黑色。喙青绿色,喙豆黑色;虹彩深褐色;胫、蹼橘红色,爪黑色。母鸭全身羽毛褐色,有黑色细小斑点,如麻雀羽;主翼羽蓝黑色。喙青色,喙豆黑色;虹彩深褐色;胫、蹼灰褐色,爪黑色。成年体重公鸭 2.3～2.4 kg,母鸭 2.6～2.7 kg。年产蛋 140～160 枚,高产群可达 180 枚。平均蛋重 76 g(图 3-17)。

高邮鸭(♂)　　高邮鸭(♀)

图 3-17　高邮鸭

(2)太湖鹅　产于长江三角洲太湖地区。该品种全身羽毛洁白,偶尔眼梢、头颈部、腰背部出现少量灰褐色羽毛。喙、胫、蹼橘红色,爪白色。肉瘤淡姜黄色。咽袋不明显,公母差异不大。

成年体重公鹅为 4.5 kg 左右，母鹅为 3.5 kg 左右。屠宰测定：成年公鹅半净膛为 85%，母鹅为 79%；公鹅全净膛为 76%，母鹅为 69%。160 日龄即开产，年产蛋约 60 枚，高产鹅可达 80～90 枚（图 3-18）。

太湖鹅（♂）　　太湖鹅（♀）

图 3-18　太湖鹅

10. 什么是人工授精技术？有何生产意义？

人工授精是指用器械采取种用公畜的精液，通过品质检查、稀释处理和适温保存，再用输精用具将精液输入到发情母畜的生殖道内以代替自然交配的一种配种方法。人工授精技术是实现畜禽生产现代化的重要措施，目前在养殖业上应用极为广泛。

人工授精技术在生产上意义重大，主要体现在以下几个方面。

（1）有效减少种公畜的饲养数量　以猪为例，在自然交配的情况下，公、母以 1：(25～30) 为宜，而采用人工授精技术，公、母比可达 1：(150～300)。

（2）减少疾病的传播，提高母猪繁殖性能　人工授精的公、母畜不需直接接触，可有效减少疾病（尤其是生殖道疾病）的发生。用品质有保证的精液适时配种可以提高母畜的受胎率、分娩率和窝产活仔数，从而提高母猪的繁殖性能。

（3）加速品种改良　通过人工授精技术，可将优良公畜的优质基因迅速推广，促进种畜的品种品系改良，提高种公畜配种效能和养殖生产性能。同时，人工授精可克服公、母畜间体格大小的差别，充分利用杂种优势。

（4）减小劳动强度　人工授精技术可缩短配种所需时间，继而减小工作人员劳动强度，提高劳动效率。

11. 什么是药物残留？药物残留有哪些危害？

动物性药物残留是指为了预防和治疗畜禽疾病用药，或为了促进生长，料中兽药添加剂的使用（饲料添加剂）或为了提高生产性能，加工、贮存过程中引入药物，而使动物性产品中某种药物超过国家规定的限量。

动物性药物残留的主要原因是养殖户使用品质不良、来历不明及不合法动物用药品或药物添加剂；或直接将动物用原料药任意添加在饲料或饮水中；或未按动物用药品要求使用，或药物标签上的用法不当；或用药后未满休药期就将禽畜、水产品类及乳蛋品等上市销售。

动物性药物残留的危害包括以下几个方面。

(1)过敏反应　人食用有药物残留的动物性食品发生过敏反应(变态反应)、中毒，严重者可引起人休克，甚至死亡。

(2)细菌耐药性　长期或过量食用兽用抗生素残留的动物性食品可使某些致病菌产生耐药性。以致人体感染某些致病菌后药物治疗时药效下降或无效。

(3)致畸作用、致突变作用和致癌作用　不同种类的药物对人体的“三致”作用不定。如抗蠕虫药丙咪唑类残留可对人体潜在有致畸作用和致突变作用；喹恶啉类和雌激素有“三致”作用；磺胺二甲嘧啶等连续给药可诱发啮齿动物甲状腺增生，并有致肿瘤倾向；链霉素具有潜在的致畸作用。同时，这些药物可引发动物体细胞发生突变，从而对生育及后代造成危害，并造成遗传疾病。

(4)激素(样)作用　兽用激素类药物残留可使人体正常激素水平和功能异常。例如，可使儿童表现为早熟、肥胖等。

(5)污染环境　动物用药以后，药物以原形或代谢物的形式随粪、尿等排泄物排出，残留于环境中。绝大多数兽药排入环境以后，仍然具有活性，会对土壤微生物、水生生物及昆虫等造成影响。

12. 什么是兽药休药期？如何合理休药？

兽药休药期也叫消除期，是指动物从停止给药到许可屠宰或它们的乳、蛋等产品许可上市的间隔时间。休药期是依据药物在动物体内的消除规律确定的，就是按最大剂量、最长用药周期给药，停药后在不同的时间点屠宰，采集各个组织进行残留量的检测，直至在最后那个时间点采集的所有组织中均检测不出药物为止。休药期随动物种属、药物种类、制剂形式、用药剂量、给药途径及组织中的分布情况等不同而有差异。经过休药期，暂时残留在动物体内的药物被分解至完全消失或对人体无害的浓度。不遵守休药期规定，造成药物在动物体内大量蓄积，产品中的残留药物超标，或出现不应有的残留药物，会对人体造成潜在的危害。

专家提示

由于休药期在保障食品安全中的重要作用，国家历来十分重视休药期的管理。为保证人类健康，养殖人员应严格遵守休药期。根据《中华人民共和国兽药管理条例》规定，农业部制定了兽药国家标准与专业标准中部分品种的停药规定。确定一个药品的休药期的工作很复杂，还有一些药品没有规定休药期。部分兽药休药期见表 3-1。

表 3-1　部分兽药休药期

序号	兽药名称	执行标准	停药期
1	乙酰甲喹片	兽药规范 2020 版	35 d
2	二氢吡啶	部颁标准	7 d，弃奶期 7 d
3	土霉素片	兽药典 2020 版	7 d，弃奶期 3 d
4	土霉素注射液	部颁标准	28 d，弃奶期 7 d
5	双甲脒溶液	兽药典 2020 版	21 d，弃奶期 2 d

续表3-1

序号	兽药名称	执行标准	停药期
6	水杨酸钠注射液	兽药规范2020版	0 d,弃奶期2 d
7	四环素片	兽药典2020版	12 d,产奶期禁用
8	甲砜霉素片	部颁标准	28 d,弃奶期7 d
9	甲砜霉素散	部颁标准	28 d,弃奶期7 d
10	甲基前列腺素 $F_{2\alpha}$ 注射液	部颁标准	1 d
11	亚硒酸钠维生素E注射液	兽药典2020版	28 d
12	亚硒酸钠维生素E预混剂	兽药典2020版	28 d
	亚硫酸氢钠甲萘醌注射液	兽药典2020版	0 d
13	伊维菌素注射液	兽药典2020版	35 d,泌乳期禁用
14	地塞米松磷酸钠注射液	兽药典2020版	21 d,弃奶期3 d
15	安乃近片	兽药典2020版	28 d,弃奶期7 d
16	安乃近注射液	兽药典2020版	28 d,弃奶期7 d
17	安钠咖注射液	兽药典2020版	28 d,弃奶期7 d
18	吡喹酮片	兽药典2020版	28 d,弃奶期7 d
19	芬苯达唑片	兽药典2020版	21 d,弃奶期7 d
20	芬苯达唑粉(苯硫苯咪唑粉剂)	兽药典2020版	14 d,弃奶期5 d
21	注射用青霉素钠	兽药典2020版	0 d,弃奶期3 d
22	注射用青霉素钾	兽药典2020版	0 d,弃奶期3 d
23	注射用氨苄青霉素钠	兽药典2020版	6 d,弃奶期2 d
24	注射用盐酸土霉素	兽药典2020版	8 d,弃奶期2 d
25	注射用硫酸双氢链霉素	兽药典2020版	18 d,弃奶期3 d
26	注射用硫酸卡那霉素	兽药典2020版	28 d,弃奶期7 d
27	复方氨基比林注射液	兽药典2020版	28 d,弃奶期7 d
28	复方磺胺对甲氧嘧啶片	兽药典2020版	28 d,弃奶期7 d
29	复方磺胺对甲氧嘧啶钠注射液	兽药典2020版	28 d,弃奶期7 d
30	氢化可的松注射液	兽药典2020版	0 d
31	氢溴酸东莨菪碱注射液	兽药典2020版	28 d,弃奶期7 d
32	恩诺沙星注射液	兽药典2020版	14 d
33	氧氟沙星片	部颁标准	28 d

13. 哪些药物是国家禁止使用的?

根据《中华人民共和国兽药管理条例》规定,2019年农业农村部公告第250号,《食品动物禁用的兽药及其他化合物清单》见表 3-2。

表 3-2 食品动物禁用的兽药及其他化合物清单

序号	兽药及其他化合物名称	禁止用途	禁用动物
1	β-兴奋剂类：克伦特罗、沙丁胺醇、西马特罗及其盐、酯及制剂	所有用途	所有食品动物
2	性激素类：己烯雌酚及其盐、酯及制剂	所有用途	所有食品动物
3	具有雌激素样作用的物质：玉米赤霉醇、去甲雄三烯醇酮、醋酸甲孕酮及制剂	所有用途	所有食品动物
4	氯霉素及其盐、酯(包括：琥珀氯霉素)及制剂	所有用途	所有食品动物
5	氨苯砜及制剂	所有用途	所有食品动物
6	硝基呋喃类：呋喃唑酮、呋喃它酮、呋喃苯烯酸钠、呋喃西林，呋喃妥因及制剂	所有用途	所有食品动物
7	硝基化合物：硝基酚钠、硝呋烯腙、替硝唑及制剂	所有用途	所有食品动物
8	催眠、镇静类：甲喹酮及制剂	所有用途	所有食品动物
9	林丹(丙体六六六)	杀虫剂	水生食品动物
10	毒杀芬(氯化烯)	杀虫剂、清塘剂	水生食品动物
11	呋喃丹(克百威)	杀虫剂	水生食品动物
12	杀虫脒(克死螨)	杀虫剂	水生食品动物
13	双甲脒	杀虫剂	水生食品动物
14	酒石酸锑钾	杀虫剂	水生食品动物
15	锥虫胂胺	杀虫剂	水生食品动物
16	孔雀石绿	抗菌、杀虫剂	水生食品动物
17	五氯酚酸钠	杀螺剂	水生食品动物
18	各种汞制剂：包括氯化亚汞(甘汞)、硝酸亚汞、醋酸汞、吡啶基醋酸汞	杀虫剂	水生食品动物
19	性激素类：甲睾酮、丙酸睾酮、苯丙酸诺龙、苯甲酸雌二醇及其盐、酯及制剂	促生长	所有食品动物
20	催眠、镇静类：氯丙嗪、地西泮(安定)及其盐、酯及制剂	促生长	所有食品动物
21	硝基咪唑类：甲硝唑、地美硝唑及其盐、酯及制剂	促生长	所有食品动物

根据《饲料与饲料添加剂管理条例》《中华人民共和国兽药管理条例》《药品管理法》规定，农业农村部、卫计委、国家药品监督管理局联合公告，《禁止在饲料和动物饮用水中使用的药物品种目录》如下。

(1)肾上腺素受体激动剂　包括盐酸克伦特罗、沙丁胺醇、硫酸沙丁胺醇、莱克多巴胺、盐酸多巴胺、西马特罗和硫酸特布他林等。

(2)性激素　包括己烯雌酚、雌二醇、戊酸雌二醇、苯甲酸雌二醇、氯烯雌醚、炔诺醇、炔诺醚、醋酸氯地孕酮、左炔诺孕酮、炔诺酮、绒毛膜促性腺激素和促卵泡生长激素等。

(3)蛋白同化激素　包括碘化酪蛋白和苯丙酸诺龙及苯丙酸诺龙注射液。

(4)精神药品　包括盐酸氯丙嗪、盐酸异丙嗪、安定(地西泮)、苯巴比妥、苯巴比妥钠、巴比妥、异戊巴比妥、异戊巴比妥钠、利血平、艾司唑仑、甲丙氨脂、咪达唑仑、硝西泮、奥沙西泮、匹莫林、三唑仑和唑吡坦等。

14. 常见人畜禽共患病是哪些？生产过程中如何防范？

"人畜禽共患病"现代医学称为"人兽共患病"，即人类和脊椎动物之间自然感染与传播的疾病。人与畜禽共患疾病包括由病毒、细菌、衣原体、立克次体、支原体、螺旋体、真菌、原虫和蠕虫等病原体所引起的各种疾病。据有关文献记载，动物传染病有200余种，其中有半数以上可以传染给人类，另有100种以上的寄生虫病也可以感染人类。目前，全世界已证实的人与动物共患传染病和寄生性动物病有250多种，其中较为重要的有89种，我国已证实的人与动物共患病约有90种。

人与畜禽共患疾病主要是传染病和寄生虫病这两大类。传染病是由病毒和细菌等病原体引起的，当前最重要的传染病有狂犬病、炭疽病、布鲁氏菌病、结核病、鼻疽、钩端螺旋体病、土拉杆菌病、沙门氏菌病、鹦鹉热、日本血吸虫病、日本乙型脑炎和禽流行性感冒等。

阻断人感染人畜禽共患疾病途径可有效防治疾病的发生。人感染人畜禽共患疾病常见途径有以下几种。

(1)通过唾液传播　患狂犬病的犬和猫，其唾液中含有大量的狂犬病病毒，当它们抓咬人时，病毒就随唾液进入体内，引发狂犬病。狂犬病可致100%死亡。

(2)通过粪尿传播　布鲁氏菌病、沙门氏菌病等的病原体，都可借粪便污染的食品和饮水而传播。大多数的寄生虫虫卵就存在于粪内，污染食物或饮水后经口感染人。钩端螺旋体病的病原是经由尿液排出而导致人感染。

(3)分泌物传播　结核病、禽流感等病畜禽流鼻涕、打喷嚏和咳嗽时，常会带出病毒或病菌，并在空气中形成有传染性的飞沫，散播疾病。

(4)媒介传播　畜禽的全身被毛和皮肤垢屑里，往往含有各种疥螨、虱子和蜱等，它们有的就是某种疾病的病原体，有的则是疾病的传播媒介。

因此，为了防止人畜禽共患病的发生，每个人都要注意个人的卫生防护，尤其是经常与动物接触的人，当身上皮肤有破损时，更要小心防止感染上病毒或病菌。食物要讲究卫生，乳、肉、蛋品要选用检验合格的产品，并提倡熟食。饲养宠物的人群应保持宠物被毛清洁，不能有疥螨、虱子和蜱等寄生虫。

15. 饲养宠物要注意哪些事项？

随着人民生活水平的持续提高和家庭规模的缩小，饲养宠物已经成为越来越多都市人生活的一部分。家中饲养宠物应注意以下问题。

(1)孕妇不宜养宠物　寄生在猫、狗、鸟等动物身上的弓形体寄生虫，会通过母体传染给胎儿，导致胎儿患有中枢神经系统疾病、脉络膜炎、视网膜炎等疾病，甚至会导致胎儿畸形。因此，孕妇不宜饲养猫、狗、鸟等动物。

(2)注意宠物体外寄生虫　猫、狗、鸟等身上的皮毛是跳蚤、虱等体外寄生虫最好的寄生场所。如果发现宠物有瘙痒等皮肤病症状时,须及时治疗,避免传染扩大。和宠物接触后,不要忘记用肥皂或者洗手液认真洗手,注意卫生,特别是儿童。

(3)注意防止宠物抓咬　宠物在发情、激怒等性情变化时易通过抓咬伤害孩童,喂养有毒性的和攻击性强的宠物更要注意这一点。同时,应尽量减少自家宠物与别人的宠物或外界野生动物的接触,以防止互相攻击现象。

16. 什么是畜禽强制免疫?

畜禽强制免疫是为了有效地控制重大动物疫病的发生,保障畜牧业的健康稳定发展,维护广大养殖户的切身利益,根据《中华人民共和国动物防疫法》及《重大动物疫情应急条例》的有关规定,对严重危害养殖业生产和人体健康的动物疫病实行的强制免疫接种措施。目前,畜禽强制免疫的疾病包括禽流感、口蹄疫、猪瘟、高致病性蓝耳病等。

畜禽强制免疫主要职责与分工包括:各级地方人民政府对辖区内重大动物疫病强制免疫工作负总责,组织有关部门按照职责分工,落实国家动物疫病强制免疫计划,保证免疫密度。各级兽医部门具体实施免疫计划,负责强制免疫动物疫病疫苗的采购、保存、使用监管,并制定强制免疫计划实施方案报本级人民政府批准后执行。各级财政部门负责落实动物疫病强制免疫计划执行所需经费,包括疫苗、耗材、人工、监测等,并负责疫苗等相关经费的监管。其他有关部门依法配合做好国家动物疫病强制免疫计划的实施工作。各国家兽医参考实验室和相关动物疫病专业实验室负责疫病的科学研究,追踪病毒变异情况,按规定开展流行病学调查,评价免疫效果,保证诊断试剂供应。定点疫苗生产企业负责保证疫苗质量和疫苗供应,做好售后服务,承担疫苗质量责任。

温馨提示

配合畜禽强制免疫是饲养动物的单位和个人应当依法履行的义务,饲养动物的单位和个人要按照兽医主管部门的要求及时做好各种动物的强制免疫工作。同时,要能主动根据免疫接种程序调整生产计划,以减少免疫接种可能给生产带来的影响。

17. 如何正确选择与使用疫苗?

疫苗接种是畜禽场防止疫病发生而采取的一种科学有效手段。然而,疫苗不同于一般预防药物,错误地使用疫苗不仅起不到预防疫病的作用,相反可引起畜禽发病。因此,合理选择与使用疫苗对畜禽场是极其重要的。畜禽场在选择病苗预防相应疫病时应重点考虑疫苗的种类。

疫苗是用相对应的病原经过不同的科学处理制成的一种生物制品。根据疫苗是否灭活可将其分为活疫苗和灭活疫苗。活疫苗优点是用量少,产生的免疫力强且起效快。缺点是毒性高,安全性差。灭活疫苗同活疫苗正好相反,安全且没有散毒危险,同时受原有抗体特别是母源抗体的影响较小,大群使用产生的免疫水平比较整齐;缺点是产生的免疫力低而且需要的时间长,疫苗价格高。疫苗也可分为冻干苗和油佐剂苗。大多数的活疫苗为冻干苗,采用冷冻真空干燥的方式冻干保存,一般要求病毒性冻干苗在 −15 ℃以下保存,保存期一般为 2 年。细菌性冻干苗在 −15 ℃保存时,保存期一般为 2 年;2～8 ℃保存时,保存期 9 个月。灭活疫苗多为油佐剂苗，这类疫苗需 2～8 ℃保存，不可冷冻。一般来说，疾病暴发期应选用活疫苗，因为它能迅速刺激机体产生保护性抗体，以达到快速防疫的效果。

温馨提示

疫苗属生物制剂，使用技术要求较高，使用时最好要有专业技术人员的指导。疫苗常要求低温保存、冷链运输。因此，购买疫苗要正走规途径，以防止所购疫苗在常温环境中长时间暴露，严重危害畜禽健康。

18. 什么是重大动物疫病和一、二、三类动物传染病?

按照农业部的规定，一类动物疫病发生时、二类动物疫病暴发时、已消灭的动物疫病再次发生时、或国内从未发生的动物疫病传入国内时都可称之为重大动物疫病。其主要特点是动物发病率或者死亡率高，传播迅速，给养殖业生产安全造成严重威胁、危害，以及可能对公众身体健康与生命安全造成危害。

一类动物传染病是指对人畜危害严重，需要采取紧急、严厉的强制预防、控制、扑灭措施的疫病。包括口蹄疫、猪水泡病、猪瘟、非洲猪瘟、非洲马瘟、牛瘟、牛传染性胸膜肺炎、高致病性禽流感等。发生一类动物传染病时应立即报疫情，在迅速展开疫情调查基础上由同级人民政府发布封锁令对疫区实行封锁，在疫区内采取彻底的消毒措施，对受威胁区易感动物展开紧急预防免疫接种。

二类动物传染病是指可造成重大经济损失、需要采取严格控制、扑灭措施的疫病。包括伪狂犬病、狂犬病、炭疽、魏氏梭菌病、副结核病、布鲁氏菌病、弓形虫病、棘球蚴病等。发生二类动物传染病时应立即报疫情，在迅速展开疫情调查基础上由同级畜牧兽医主管部门划定疫区和受威胁区，在疫区内采取彻底的消毒灭原措施，对受威胁区易感动物展开紧急预防免疫接种。

三类动物传染病是指常见多发、可能造成重大经济损失、需要控制和净化的疫病。包括李氏杆菌病、类鼻疽、放线菌病、肝片吸虫病、丝虫病等。发生三类动物传染病时，当地人民政府和畜牧兽医部门应当按照动物疫病预防计划和国务院畜牧兽医行政管理部门的有关规定组织防治和净化。

19. 如何识别假劣兽药?

假劣兽药是指以非兽药冒充兽药或者以他种兽药冒充此种兽药的，兽药所含成分的种类、名称与兽药国家标准不符合的；成分含量不符合兽药国家标准或者不标明有效成分的；不标明或者更改有效期或者超过有效期的；不标明或者更改产品批号的等。选择和识别假劣兽药重点掌握以下几点。

（1）查兽药生产企业　合法的兽药生产企业的标签说明书应标示生产许可证号，凡未标明的或经查为未经批准的单位生产的兽药必然是假劣兽药产品，可通过中国兽药信息网查询。

（2）查外包装　标签、说明书、外包装必须印制兽药产品法定名称，已有商品名的应同时印制。合格的包装说明书上的项目齐全，必须注有注册商标、兽药名称、规格、企业名称、产品批号和批准文号、主要成分、含量、作用、用途、用法、用量、有效期、注意事项等。规定停药期的，应在标签或说明书上注明。批准文号应在有效期内(有效期为 5 年)。

(3)查药品外观　注射剂可从澄明度和色泽两项检查识别,水针剂(除特殊品种有规定外)应均匀、澄明。粉针晃动时应在瓶内自由翻动、无色点及异物。片剂外观要整洁、色泽均匀,并有适当硬度。

(4)其他技巧　在很难辨别真假又急需使用时,还可以通过看使用效果的方法来帮助判别。如在疾病诊断确凿,对症下药时药效不明显可以怀疑兽药真伪,继而进一步查实。

看兽药价格有时也是一种辅助的辨别办法,市场需求量大的兽药假劣兽药多,假劣兽药为了竞争市场份额,常表现为价格偏低,这一点应引起注意。

温馨提示

假劣兽药严重影响养殖业的健康发展,对人畜健康的危害大。实际生产过程中,养殖户遇有可疑兽药时,应及时报告县级以上兽医行政管理部门,举报其生产、经营、使用假劣兽药的行为,以便行政管理部门惩处违法行为,以保护消费者的合法权益。

20. 如何合理选择饲料添加剂?

饲料添加剂是指为满足特殊需要而加入饲料中的少量或微量营养性或非营养性物质。按功能不同,分为营养性和非营养性添加剂两大类。

营养性添加剂包括氨基酸、维生素、矿物质三类。常用饲料容易缺乏的有赖氨酸、蛋氨酸、色氨酸三种,称之为限制性氨基酸。维生素大多选择多维添加剂。常用饲料的矿物质含量较低,必须人为添加,按动物体含量分常量和微量元素。非营养性添加剂种类繁多,包括促生长剂、驱虫保健剂、调味剂等。

在选择使用添加剂时还应掌握好以下几点。

(1)根据需要　根据自己常用饲料存在的营养缺陷,选择相应的饲料添加剂类型,以达到营养平衡,最大限度地提高饲料转化率。

(2)按量添加　按照包装上的说明,掌握好使用量。在青粗饲料比例大、配合饲料用量少的情况下,可稍加大用量,但也不可按数倍的量添加,以防造成浪费,抑制生长,适得其反。

(3)混合均匀　饲料添加剂在饲料中一定要混合均匀。混合时可采取逐级配合法,先用少量粉料与添加剂混匀,再用 1/3 的饲料混合,最后与全部饲料混合均匀即可。

(4)防止营养损失　配合饲料不要高温蒸煮,以防添加剂中维生素、氨基酸、抗生素、酶制剂等在高温下失活。同时饲料添加剂要贮藏在阴凉干燥处,防止霉变。

第四篇

现代农业服务篇

1. 什么是农业社会化服务体系？建立农业社会化服务体系有什么意义？

农业社会化服务体系是为农业生产提供社会化服务的成套的组织机构和方法制度的总称。它是运用社会各方面的力量，使经营规模相对较小的农业生产单位，适应市场经济体制的要求，克服自身规模较小的弊端，获得大规模生产效益的一种社会化的农业经济组织形式。

党的十七届三中全会《决定》提出："加快构建以公共服务机构为依托、合作经济组织为基础、龙头企业为骨干、其他社会力量为补充，公益性服务与经营性服务相结合、专项服务和综合服务相协调的新型农业社会化服务体系。"这一要求对公共服务机构做出了明确定位。

由于我国农业资源的自然禀赋和经济发展的历史阶段，公共服务部门在导入现代农业的生产要素方面扮演更为积极的角色。由政府承担相应成本的公共服务机构可以让现代科技要素和手段迅速地进入农业生产领域，有效地降低经营者利用科技要素和手段的成本，大幅度地提高生产效率。新型农业社会化服务体系包括基础性的研究和开发机制，如种植业和家禽家畜的良种培育，疫情病情的机理研究，防疫防治的药品开发，新的种植、养殖方法的发明等都必须由政府来承担基础性的研发费用，其成果的市场化运作也应该受到政府的监督和调控。

对现有的农业生产服务体系的认识有一个深化的过程，在过去一段时期内，这些单位大多被作为乡镇政府的组成部分，随着农户生产经营自主性的提高，这些以行政运作为特征的农业生产的服务站所就必然会处境困难。现在可以明确这些站所的定位：承担的职责覆盖相关的社会公益，是社会公益事业的一部分；作为经营机构，应按照市场规则进行经营服务。如果没有这些站所，那么农业生产中涉及公共利益的部分就会出现缺失，这种缺失不仅会造成农业生产的波动，而且会引起整个国民经济的波动。近年来出现的因农产品中农药、添加剂超标引发的社会不安，尤其是家禽、家畜中出现的传染性疾病，对农户的生产经营造成了非常严重的后果。

专家提示

农业生产服务体系最重要的一个环节，是活跃在农业生产一线的农业科技推广服务队伍。没有这支农业科技推广队伍，现代农业生产要素的运用就只能是空中楼阁，现代农业生产要素就不可能以更低的成本进入农业生产领域。几十年来我国建成了一整套有效的农业生产服务体系，如植保站、农技站、农机站、畜牧兽医站等，正是这些活跃在基层的农业科技服务推广体制有效保证了现代农业生产要素迅速地进入生产领域并形成新的生产能力。

2. 农业社会化服务组织形式有哪些？

从各地的实践来看，主要有以下几种。

(1)社区合作、统一服务型　这种类型主要围绕种植业的发展，由社区集体或合作经济组织把社区范围内的某些生产环节统一组织起来，实行几个统一的服务。它和国家专业经济技术部门仍然是当前社会化服务的主体。

(2)县乡服务实体型　这种类型就是国家有关经济技术部门在县、乡的机构转轨变形，通过创办经济实体，服务农民，弥补经费不足，壮大自身。这是目前人们十分关注的类型，它涉及市场经济条件下，面对农户，国家这支庞大的专业经济技术服务队伍的发展方向和改革问题。

(3)集团承包型　这种类型由科研、教育部门的科技人员牵头，联合有关经济技术部门的干部、技术人员，承包重点农业开发项目，实行相互协作，综合服务。

(4)“专业协会＋农户”　专业协会多以乡村经济、技术服务实体为依托，以农村专业技术人员、能工巧匠为骨干，与从事某一专业生产的农户自愿联合起来组成的经济技术协作团体。协会通过在会员之间开展技术交流、信息传递、资金融通、统一销售等协作活动，引导农民形成区域性的专业生产。

(5)“公司＋协会”(“公司＋农户”“企业＋农户”)　这种类型是以市场为导向，以公司为龙头，以规模经济为基础，以社会化服务体系为依托，以千家万户为辐射点，用经济合同的形式或直接的利益机制把公司—协会—农户联结起来。即以市场牵龙头，龙头带基地，基地连农户，形成产供销、农工商、农科教一体化的经济利益共同体。“公司＋协会(农户)”有多种形式，比较常见的一种是“流通企业＋协会(农户)”。这种模式是以流通企业为龙头，由龙头企业负责购销，协会负责技术，农户负责生产，龙头企业与协会或农户之间有比较稳定的买卖合同关系，也有不少龙头企业办有加工、冷藏、包装等配套项目。另一种是“加工企业＋协会(农户)”。这是一种以农副产品加工业为龙头，同农户形成的经济共同体；加工企业按合同收购农民的初级产品，经过加工后直接销往市场。

(6)能人带动型　这种形式是指农村专业大户、有一技之长的能人(土专家)，包括一些经纪人，为了扩大自身的经营规模，往往以自身生产经营为基础，同时与当地农户结合起来从事某种农副产品生产、加工、经营活动。这些能人结合各方用户和客商，根据市场需求情况，向农户提供信息并指导生产，然后以合理的价格将农户生产的产品收购、贩运出去，在为农户提供流通服务的同时，从中获得报酬。

专家提示

参与农业社会化服务体系的主体主要有：供销合作社、农民专业合作社、专业服务公司、专业技术协会、农民经纪人、龙头企业等。

3. 农业社会化服务形式有哪些?

在农业社会化服务体系中，由于产业、产品的特点不同，农民的要求不同，因而具体的服务形式和内容也不尽相同。从一些地方的经济看，比较多的主要有五种服务类型。

(1)网式服务　即县、乡、村三级都有服务主渠道专业服务网点，其触角伸到千家万户。例如，农业技术推广服务，县有中心，乡镇有站，村有农技员，从县到村、到户形成服务网络。

(2)龙式服务　即以拳头产品为龙头，以外贸、供销合作社、商业部门或某一服务组织为依托，组建服务实体，用“公司＋农户”的形式，把农村商品的生产、加工、流通诸环节联结起来。公司对农户的生产提供从良种供应、生产资料供应到技术指导、产品收购销售等系列化服务。公司与农民结成利益共同体，自我调节利益，同舟共济。有的还与农户签订产品最低保护收购合同，保护农民的生产积极性。

(3)桥式服务　即国有商业、外贸、药材、供销合作社等部门为农副产品的批量销售牵线搭桥，建立批发市场，大城市设“窗口”，沟通供求渠道，促进农副产品市场畅通。

(4)统式服务　即主要围绕种植业的发展，实行区域化连片种植，以便于生产管理，提高经营水平。有的由县牵头，更多的是由乡村牵头，对农户统一提供良种、生产资料供应、科技、农田水利、农机五个方面的服务，形成统一服务、分户经营的区域化种植。

(5)承包式服务 即由某个部门或由相关的业务部门组成承包集团，承包农业综合开发项目的主要服务工作，实行互相协作，提高农业综合开发效益。

专家提示

我国农业社会化服务体系还很不健全，有待于进一步加强和完善。笔者认为，要健全和完善我国农业社会化体系，必须着重做好以下几个方面的工作。

(1)加强农业社会化服务体系建设的组织和协调工作 通过领导的组织协调，实现各服务组织的功能配套，优势互补，真正形成一套全心全意为农业、农村、农民服务的体系。

(2)要坚持自愿的原则 提供的服务，不但要适应农民的需要，而且使农民愿意接受。服务组织要引导农民走优质、高产、高效的生产路线，并依靠服务质量和效益吸引农民。不要强迫农民接受不需要或需要但暂不能接受的服务，也不要代替农民去做那些农户自己可以干好的事情。

(3)要坚持量力而行、因地制宜的原则 农业社会化服务体系建设，受经济发展水平和生产专业化分工发展的制约。不能千篇一律，搞一个模式，必须因地、因产业、因时、因生产项目制宜，需要什么服务，能提供什么服务，就发展什么服务。

(4)要有必要的优惠政策来扶持 我国农业社会化服务体系建设还处于起步阶段，原则上要有必要的扶持，特别是对经济落后的地区。

(5)要健全法制体系 农业社会化活动要正常进行，还须有法律、法规、政策和规章作保障。

4. 农业社会化服务内容有哪些?

农业社会化服务的内容，概括地讲，是指既包括农、林、牧、副、渔各业各生产环节的耕种、收藏服务和生产资料供应服务，也包括信息、技术、资金、经营管理以及农产品加工、运输、储存、销售等各项服务。服务内容主要有以下九个方面。

(1)经济信息服务 由村级组织采取多种形式收集、发布与本村经济活动有关的各种经济信息，以帮助村民依据市场需求把握调整方向和确定生产项目。

(2)资金服务 按季节农时、生产经营环节的资金投入需求，争取、领拨各项支出资金、产品定购金及争取信用社(站)的农业贷款，组织救灾扶贫合作基金会等合作基金组织的资金，引导村民增加对农业的投入。

(3)生产资料服务 以农村供销社为主渠道，组织货源，满足农民对化肥、农药、农机具、燃料油等生产资料的需求。

(4)排灌服务 维护和改善农用排灌设施，与当地排灌设施配套；统一管理塘堰水库、涵闸、机电排灌设备，提高水利设施的完好率和水资源利用率，满足农田排灌需要。

(5)农机具耕作及防虫治病服务 在有条件的地方，组织农机队或发展农机专业户、防治农作物病虫害专业户等，落实责任制，保障农田耕整、播种、排灌、收割等环节得到及时服务，做到统一除虫害，提高灭虫效率，减少环境污染。

(6)良种选育及更新服务 掌握良种培养信息，与县(市)、乡(镇)良种生产、经营系统挂钩，建立粮、棉、林、畜禽、水产及其他经济作物良种(苗)引进、试验、示范、繁育、销售和推广体系，加速更新换代、提纯复壮。

(7)科学技术服务　组织本村各业农民的技术培训,普及实用科技,扶持、发展科技示范户,开展科技承包,满足村民的各类技术需求。

(8)农产品加工、贮运和销售服务　兴办农副产品加工企业,开展农产品深加工和精加工,实现多次增值;改善农产品贮存、运输方式,开拓农产品销售市场,解决"卖粮难"的问题。

(9)劳务服务　组织农忙帮工、换工及手工艺服务。

小贴士

一般来说,现代农业分工体系主要包括农用物资供应体系、农业生产过程体系、公共农业服务体系和农产品运销加工体系等四个方面,这四个方面都是随着商品交换规模的扩大和农业内部分工的日益细化而逐步形成的,也就是在农业生产社会化程度不断提高的情况下逐步形成的。

5. 现代农业生产服务体系运作方式有哪些?

农业生产服务体系建设对促进农村经济社会和现代农业的发展起着重要作用,由于群众对社会化服务的要求不同,不同地区生产服务模式类型也不尽相同,主要运作方式有:

(1)服务组织社会化　该组织有自主的人事管理权和收益分配权,其技术服务活动受市场驱动和制约,服务费用大部分源于服务收益。这种新的服务组织可以由传统的服务组织脱胎而来,也可以由现有组织中的科技人员另行创设,还可由已经形成的种养、运销大户演变而成,也可由专业协会主办。

(2)服务技能专业化　服务组织应当是专业化的,即一个组织主要为一个产业甚至是一个产品的生产提供科技服务。这种服务应当能够解决诸多技术问题,唯此服务组织才有生命力,生产者才能找到技术上的后盾,两者也才会因相互依存而共兴共荣。

(3)服务机制市场化　服务组织的服务动力,来源于社会功利和利益驱动。因此,新的服务组织的运作机制应该是市场化的,这包括由社会需求决定它的立与破,由它所提供服务的信誉、质量、水平决定它业务量的大与小,由供需平衡度决定服务价格的高与低等。唯有如此,这个组织才是一个能够自求生存、自谋发展的独立的服务主体。

(4)服务功能全程化　服务组织应坚持以科技服务为主体,同时完善各类配套服务,包括市场需求预测和种养项目选定,种子和种苗、肥料和饲料、农药和兽药等实用技术的供给与保障,产品的收购、贮藏、加工与运销等。坚持靠科技服务营造凝聚力,靠配套服务增强经济实力,通过配套服务适当补贴科技服务,既可增强服务组织的市场竞争力,又可帮助生产者解决产前、产中和产后的全过程服务问题。

(5)服务体系产业化　有三层含义:其一,服务组织是产业实体,能够独立行使民事权力、承担民事责任、履行民事义务;其二,提倡和鼓励涉农企业在自己的农产品供应基地设立科技服务组织;其三,所有科技服务组织都应有科技推广机构、科研院所等相应的技术后盾。

6. 如何建全现代农业生产服务体系?

(1)发挥农业、科技等主管部门在农业生产社会服务中的主导作用。农业、科技、交通、财政等部门,在农业生产服务体系中发挥主导作用,大力加强农业生产的产前、产后服务,特别是农产品流通服务。乡镇基层服务主要加强产中服务，发挥与集体和农户相结合的作用，担负起实现科技下乡进村、进户的重任。只有加强这个层次，农技推广和服务才能够普及到基层。

（2）成立农民专业技术协会。根据农村经济发展的需要，积极帮助、扶持由技术能人牵头建立农民专业技术协会，发挥他们在组织农民推广技术方面的灵活作用。这些专业性服务组织能打破社区、部门、所有制界限适合农村经济运行和发展的需要，是今后农业生产服务组织发展的重点。各地可按“支部＋产业”的模式进行调整，按产业化分支部，以达到“产业联支部，支部联党员，党员联农户”，最终促进村级经济发展的目的，这一做法，在江苏句容市郭庄镇已得到了很好的应用。

（3）为农村集体经济提供内部服务。农村集体经济组织发挥着政府经济技术部门和社会上各种服务实体内联广大农户的纽带作用。为了推动科学技术的推广应用，要建立科技服务站或组，必须配备一定数量的农民技术员，帮助农民解决其在生产中所遇到的各种问题，同时要建立一批科技示范户，通过示范，提高广大农民的科技水平，促进先进农业技术的推广。

（4）逐步实现农业服务组织的实体化和服务中的有偿服务，使农业社会化服务体系具有自我生存、发展的能力。

健全新型农业生产服务体系，还要特别注意解决如下问题：一是坚持服务指导思想与实际工作的统一，防止和纠正以政令代替服务。二是坚持科技兴农和壮大集体经济这两个前提，防止短期行为和功利主义。三是坚持因地制宜，分类指导，本着“项目准确、预测及时、符合意愿、效益良好”的基本要求，准确及时地为农民提供服务。防止一刀切和一律化。四是坚持优化服务和优质服务，防止“重钱轻技”的有偿服务。五是坚持综合系统服务，防止各行其是、“蜻蜓点水式”的零散服务。

专家提示

世界各国农业发展的经验表明，农业生产过程是与生物打交道，受多种因素约束和影响，必须以家族农场和农户为基础，才能充分发挥农业生产者的积极性。要实现农业的现代化，必须为农业生产提供社会化服务。我国即将进入人口老年化社会，而农业生产社会化服务体系的建立将是解决这一难题的重要途径，农民在家里找个电话或发个短信，就有相应的服务组织进行耕地、播种、排灌、植保、收割、运输等社会服务，农民种地就有了保证。因此，建立农业生产社会化服务体系才是农业生产稳定发展的根本之策。

7. 如何建立农业技术推广服务体系？

农业技术推广服务体系是各地区农业推广工作的基础，也是建设社会主义新农村科技支撑的重要力量，建立农业技术推广服务体系应立足于以下几方面。

（1）理顺机制，配齐人员　成立县级农业技术推广中心，构建“头轻”（县）、“腰硬”（乡）、“腿粗”（村）、“脚大”（示范户）的“宝塔型”机构，负责、协调全县农业技术推广工作。可结合下派大学生当村干部活动，把富余的科技人员下派到乡镇去，鼓励他们到基层搞示范、搞承包；乡镇一级的农业“三员”应当名副其实，到岗到位；村组一级也应当根据各自特点，配置农技服务人员。

（2）两“性”互补，稳定队伍　农村科技公益性服务和经营性服务相辅相成，优势互补。农村科技经营性服务可以带动农村科技公益性服务，农村科技公益性服务也可以促进农村科技经营性服务。

(3)加强培训,倡导合作　加强农村劳力培训,把科技培训着力点放在示范传递上。一是进一步发展壮大科技示范户、专业户队伍建设。二是农技人员与农民实行面对面的技术指导,用田头讲座、田头诊断、田头示范等形式,把技术直接送到千家万户。三是创办农村科技合作社,推动机制创新,激发农业发展活力。

(4)确立重点,打造特色　破除陈旧观念,用工业化的理念发展和经营农业与农村经济。着力围绕优质稻、珍禽异兽、水产、蔬菜、白茶、椪柑等特色主导产业,大力开展农业招商引资,把项目建设作为农业发展的重要支撑和载体,同时着力打造绿色、无公害品牌;地方政府出台扶持农业开发项目政策,鼓励能人办企业,为引领农民起示范带头作用。

(5)分解职能,立见成效　建立完善县、乡、村三级服务体系,为农户提供及时、便捷、周到的技术服务。县级涉农科技人员,在引进科研成果、试验科研成果、比较科研成果等方面多做文章;乡镇根据各自实际,抓住能启动区域农业生产大踏步发展的带有全局性、关键性的重大科技项目进行重点突破、推广。

8. 农村商品流通体系建设内容有哪些?

建立农村商品流通体系,需要构建以下“三大”体系。

(1)整合经营网络,构建和谐农村现代流通网络体系　新网工程是供销合作社的一号工程,是发展现代农业、便利农民消费的战略举措,是实现供销社又好又快发展的必由之路。因此,发展现代农村商品流通作为供销社就是要以“新网工程“为抓手,着力抓好新农村现代流通服务体系建设,进一步扩大新网工程成果,在新农村建设、扩大内需中谋求自身发展。

(2)坚持服务“三农”,构建和谐的综合服务体系　服务“三农”是农村商品流通服务体系的服务宗旨,也是商品流通服务体系生存和发展的基础。应围绕服务抓经营、找项目、求发展、增实力、创效益,结合农村发展新形势,建立符合实际需求的服务体系。

(3)打造合作平台,构建专业合作社经营体系　面对农村发展新形势,必须把服务“三农”作为一切工作的出发点和落脚点,围绕“农”字做文章,积极参与农业产业化经营,大力发展专业合作社,构建合作经济平台。专业合作社经济组织是连接龙头企业和农户的重要纽带,是产业化经营的关键环节,供销社要坚持合作制的原则和开放办社的方针,遵循市场经济规律,精心领办专业合作社。

9. 如何建立农业信息化服务体系?

建立健全农业信息服务体系,是解决农业增产、农民增收问题的有效途径。但目前我国农业信息服务体系建设尚处于起步阶段,还不能完全适应农村经济社会发展的客观要求;为此,笔者认为各地建立农业信息化服务体系应从以下几点着手。

(1)建立多元的投入机制,有序、渐进地推进信息服务体系的建立与运作。

在政府的统一部署、统一指挥下,建设新农村科技信息服务体系和进行科技项目的示范推广与应用,让广大农民得到真正的实惠;积极鼓励包括外资企业在内的软件供应商、电子信息产品制造商和信息服务商参与农村信息服务平台建设和信息资源开发,以农村通信和信息化建设助力新农村建设;根据农村基层信息化实际情况,鼓励开展多种类型信息服务,进行试点,积极创造良好的市场环境,降低试点进入门槛,鼓励和支持社会力量开展面向广大农民的信息服务，推动农业信息服务的社会化。

（2）发挥农村技术推广与信息服务中心的作用，为农民提供各种农业信息查询服务。

利用现有电话资源，开通农村专线咨询，请专家为农民在线答疑解惑，帮助农民解决实际生产中的各种问题。充分利用现有互联网、远程教育等各类信息服务网络，为农技推广、农产品的生产加工提供及时、先进、可靠的信息服务。建立健全信息传播渠道，积极推广通过电话、电视、电脑的有机结合，优势互补，互联互动，完善丰富信息内容。

（3）建立农业综合信息网络，扩大和规范信息源，为农民提供各种农业信息。

要发挥政府的主导作用，建立有影响力的农业综合信息网站，加快建设标准统一、实用性强的农产品及农业科技、商务信息资源数据库，在此基础上，建立信息资源体系，共享农业信息资源。

（4）加大农村信息人员的培训力度，提高农民信息化应用能力。

一方面，要培养与引进能够适应新形势下农业信息服务体系的专业技术人员；另一方面，要对信息化骨干、种养大户、流通大户、各层次农民分期分批实施网络信息技术培训，让广大农民懂电脑，学会浏览、搜索对自己有用的科技、市场信息，学会在网上发布农产品信息。

专家提示

农业信息服务体系建设在农村经济社会发展中具有举足轻重的作用，但目前这种作用未能得到充分的发挥，其原因在于基层农业信息基础设施薄弱，农业信息服务体系不能直接为农村、农民的生产经营活动服务。同时，新型农业信息服务体系对人员素质的要求与其他信息行业有着明显的不同，它需要的是既懂农业又了解互联网信息技术的“复合型”人才。从目前情况看，我国还没有建立起一支真正意义上的农业信息服务队伍。现有农村信息服务人员素质参差不齐，既懂农业又懂经济和信息技术的综合型人才非常缺乏。许多专业人才进入农业领域，因不懂农业知识或对信息服务业务不熟，影响了信息服务的质量。因此，推进社会主义新农村建设，必须抓住机遇，针对新农村建设中农业信息服务体系建设存在的问题，采取扎实有效的措施，促进体系建设、粮食增产、农业增效、农民增收。

10. 如何优化农村金融生态环境？

良好的农村金融生态环境，是金融服务“三农”的重要基础。优化农村金融生态环境建设，必须着重抓好以下几方面的工作。

（1）加强农村信用担保体系建设　建立主体多元化的信用担保体系，成立由政府引导、市场化运作的行业担保机构。鼓励建立民间出资的商业化担保公司和会员出资的会员制担保公司。发展壮大农村互助担保组织。建立企业联保机制，推行小企业联保、生产经营户联保、农户多户联保以及“公司＋农户”“公司＋中介组织＋农户”“公司＋专业市场＋农户”等联保形式，为县域中小企业贷款和农户贷款提供担保。

（2）积极推进农村信用体系建设　加强诚信建设，建立符合农村实际的征信体系，尽快建立农户信用档案和信用数据库。继续开展农村信用工程建设，积极开展信用村、信用农户、信用企业、信用个体户评选，通过实施贷款利率优惠、扩大贷款额度等激励措施，促进农民和中小企业提高信用意识。

（3）大力发展农村保险，建立政策性和商业性农业保险体系　农业保险总的原则应是政府政策扶持,公司商业运作,建立政策性农业保险制度是各个国家支持农业的普遍做法。要加快建立全国范围的政策性农业保险网络,健全政策性农业保险制度,建立政策性农业保险机构,建立健全洪水、干旱等面积大、影响大、灾害发生频繁的专项巨灾保险机制和再保险机制。有效增强农业抵御和防范风险的能力,化解农村金融机构的信贷风险,发挥保险在农村信贷中的保障作用。

11. 什么是新型农村合作经济组织?有哪些主要形式?

新型农村合作经济组织是指农村及社会其他各方面以资金、劳动等联合组成的合作经济组织,包括各种合作社、农民协会和股份合作组织。这种合作组织是建立在新型产业之上的生产关系,是在家庭承包经营的基础上,从事同类或者相关农产品的生产经营者,依据加入自愿、退出自由、民主管理、盈余返还的原则,按照章程推进共同生产、经营、服务活动的互助性经济组织。

新型农村经济合作社的基本功能是互助合作,共同发展。它的主要形式是一定区域和行业内的农户等各单一生产主体自我进行资源的合理整合,按照市场经济规律实现生产、加工、销售等领域的有组织进行,实现规模化、节约化,降低农业经营风险。它是在农业发展新形势下农村组织创新的一种有益尝试,能够有效地促进农业产业结构调整,实现农业资源的优化配置,并利于树立品牌,从而推广农业生产技术和提高生产水平,最终探索出农村基层新的管理模式,实现社会主义共同富裕。

新型农村合作经济组织的组织类型大致可分为如下两种。

(1)农民专业协会　可分为服务型、实体型、产业型三种形式。

①服务型　是农民专业合作经济组织发展的初级形式,协会主要是通过对会员的培训,开展实用技术推广、生产资料供应、信息咨询、产品销售等服务活动,属松散型的合作。

②实体型　是农民专业合作经济组织发展的中级形式,协会有自己独立的经济实体;为会员提供产、供、销各阶段全方位服务。在产品销售上,由协会统一收购,统一销售。专业协会本着对内不以营利为目的,对外寻求利润最大化的宗旨,实行统一种植品种、统一种植标准、统一收购标准、统一签订订单的方式,形成“协会+公司+农户”的模式。

③产业型　是专业协会的高级形式。是指经济规模较大、活动范围较广,协会以农民为基本会员,农产品加工企业为团体会员,协会内部实现产、加、销一体化,形成“协会+加工企业+农户”的产业化模式。

(2)农民专业合作社　专业合作社与协会在本质上基本是一致的,社员与合作社组织的利益联系更加紧密,主要组织同业生产的农民实行入社社员平等持股,本着自愿加入、自主经营、自主决策、自负盈亏的原则,实行风险共担、利益共享的合作经济组织。它按市场需求引导社员和农民发展规模生产,并为社员和农户提供产前、产中和产后专业化系列服务。

专家提示

这种新型农村合作组织与20世纪五六十年代的农村合作社、人民公社在组织制度、运作模式、利益机制上有着本质的区别,与村集体经济组织也有很大的不同。主要区别在于合作,即个人与个人、群体与群体之间为达到共同目的,彼此相互配合的一种联合行动。而“集体”(许多人合起来的有组织的整体,跟“个人”相对)一般指一个村庄的农户共有土地和共有财产。

12. 组建新型农村合作经济组织可获取哪些政策扶持?

目前,我国很重视农村合作经济组织的发展,鼓励各种类型的合作组织的成立和经营活动,希望在合作组织的带领下农民在生产上能够得到更多的技术和销售的帮助,在谈判中有公平的地位,能够形成产品的规范化标准,有利于竞争的开展,最终提高农民的收入和改善农民的生活质量。为此,国家在财税政策方面为加快农村合作组织的成立和为其健康的发展给予了很多的优惠政策和措施,其特点如下。

(1)在法律上确定了国家从税收和财政角度促进新型农村经济组织发展的责任和义务　《中华人民共和国农民专业合作法》是关于农村专业合作社的第一个立法,该法律规定"国家通过财政、税收优惠和金融科技人才的扶持以及产业政策引导等措施,促进新型农村合作经济组织的发展"。并在该法律的第七章单独设立了扶持政策,包括财政政策和税收政策,该章第五十条规定"中央和地方应分别安排资金,支持农民专业合作社开展信息、培训、农产品质量标准与认证、农业生产基础设施建设、市场营销和技术推广等服务。对民族地区、边远地区、贫苦地区的农民专业合作社及生产国家和社会急需的重要农产品农民专业合作社给予优先扶持"。

(2)财政政策对新型农村合作经济组织的多方位扶持　在为新型农村合作经济组织提供资金方面运用了多种财政手段,如补贴、担保、贴息、支出等,满足合作组织建立和发展的资金需要。

(3)在税收方面对新型农村合作经济组织的优惠主要有以下几点:①取消了农业税和大部分特产税;②优惠具有选择性,集中在与生产直接相关的活动和初加工上,如技术服务和劳务、生产资料、饲料等;③对不同合作组织区别对待,例如国有的和国家龙头企业的生产与初加工有优惠,对信用社有优惠(定期免所得税和低营业税率);④地方(突出的如浙江、安徽、河南和北京)在自主范围内也规定了具体的政策优惠,主要是对合作社的生产和销售活动免增值税和营业税。

13. 什么是"绿色证书""绿色证书"制度和"绿色证书"工程?

"绿色证书"就是农民技术资格证书(以下同),是农民达到从事某项工作岗位规范要求具备了基本知识和技能后,经当地政府认可的从业资格凭证,也就是农村劳动者的岗位合格证书。不同的岗位颁发的证书名称不尽相同,如农业类的各种资格证书、农机驾驶证、农村会计的会计证等。

"绿色证书"制度也就是农民技术资格证书制度(以下同)。它是指通过立法、行政等手段,把农民的技术资格要求、培训、考核、发证等规定下来,并制定相关配套政策,作为农民从业和培训的规程,确保从业人员的技术业务素质。由于人们把国外对农业劳动者实行的先培训后就业的持证上岗制度称为"绿色证书"制度,所以在中国开展农民技术资格证书制度试点工作时就引用了这一习惯说法。

"绿色证书"工程是通过培养千百万农民技术骨干,促进全面提高农民的科学文化素质,广泛地推广应用农业科技成果,依靠科技进步和提高劳动者素质,全面振兴农村经济的系统工程。

专家提示

在我国江苏省实施“绿色工程”工程，建立“绿色证书”制度，是一项全新的工作，是农村教育和农民技术教育的长期任务，是跨世纪的农民素质工程，是科教兴农的奠基工程，是实现农业增长方式转变的关键因素，是落实科教兴国、科教兴农战略的一项具体措施。

14. 实施“绿色证书”制度的目的意义与作用是什么?

简单地说，实施“绿色证书”制度，目的在于提高农民的科学文化素质，保证农业劳动者的素质适应农业现代化的要求，加快农业现代化的进程，达到科教兴农、兴国的目的。实施符合我国国情“绿色证书”制度，对于我国农村经济发展具有重要的现实意义和战略意义，对加快农业现代化进程起着巨大的推动作用。

(1)有利于改变中国农业几千年来“不讲科学也种田”的传统观念，增强全社会和农民的科教兴农意识，建立持证上岗的新的就业制度。

(2)有利于加速科技成果的推广应用，促进生产力的发展，加快农业现代化的进程。“绿色证书”制度的建立与完善，一是可从制度上保证农业劳动者的素质与发展高产优质高效农业相适应，与推进农业产业化的要求相适应；二是可通过农民的生产活动增加农产品的科技含量，使发展农业和农村经济真正转移到依靠科技进步和提高劳动者素质的轨道上来。

(3)有利于提高农民素质，加快市场农业的发展。有了“绿色证书”工程这样的教育培训制度，就能提高农民素质，产生高素质的农民。

(4)有利于加强各级地方政府农民技术教育工作的领导，对人才培养与经济发展实行同步规划。实施“绿色证书”制度是一项政府职能，是各级政府在当地农村工作中必须解决的问题之一，也是各级政府引导农民致富奔小康，帮助农民顺利进入社会主义市场经济的一项重要工作。

(5)有利于促进农村教育改革和农村基础教育、职工技术教育、成人教育协调发展。“绿色证书”制度的建立，对于受升学教育影响较深的农村教育无疑是一种冲击和改革，使人们对合格的新型农民有了明确的标准，促使农村中学、特别是职业中学引进职业教育的内容，加速了职前职后教育相互衔接机制的形成。

(6)有利于促进农村经济、科技、教育部门的结合。只有通力协作，各尽其力，扬长避短，优势互补，集中各方面的人力、物力、财力，才能组织和调动农民学科学、用科学的积极性，提高实施“绿色证书”工程的整体效应，达到解决农村生产力，帮助农民致富奔小康，建设农村的精神文明和物质文明的目的。

(7)有利于建立健全社会化服务体系。科技服务是社会化服务的重要组成部分，“绿色证书”工程实施的过程，实际上是组织、提高农民素质的过程。在实施过程中，把他们组织起来成立各种专业协会、联合会、技术服务组等，与国家农技推广服务机构相连接，这不仅在组织上为建立和完善农业社会化服务体系奠定基础，而且使服务体系人员的业务素质得到提高。

15. 为什么说实施“绿色证书”工程是一项政府职能?

“绿色证书”工程是一项涉及面广、政策性强的社会系统工程，既是一项社会性事业，也是一项地方性事业，是各级政府抓农村工作的一项重要内容。

(1)“绿色证书”工程以全面系统提高从业农民科技文化素质、促进农业和农民、兴农、振兴农村经济、促进农村社会进步的良好效果，得到了各级党委、政府的重视和支持。许多地方党委、政府把实施“绿色证书”工程作为为农民群众“办好事、办实事”的一项重要工作，作为促进农村社会经济发展的一项中心工作。

(2)从农业现代化发展来看，农业要走产业化发展道路、规模生产、集约化经营、农业劳动者的分工分业势在必行，农业资源的充分利用最终要转移到种田能手、经营能人手中。从农村社会进步来看，随着乡村城镇化建设和农村二、三产业的发展，农村劳动力的转移和合理配置已成为农村社会经济发展的必然要求，从日益减少的农业资源上看，坚决保障农产品的有效供给已成为农业发展的一项重要政治任务。“绿色证书”工程是这种历史客观需要的产物。从以上两个方面讲，需要各级政府把全面、系统提高农民的科技文化素质、充分利用农业资源摆上重要议事日程，同时，需要各级政府制定一些支农、扶农、提高农民学科学、用科学积极性的政策和措施，增加对农民技术教育的投入。

(3)“绿色证书”工程具有面广、量大的特点，是我国当前乃至今后相当长一段历史时期农民技术教育的重要任务，需要在政府的统一领导下，动员社会各方面和农业、教育、科技、计划、财政、人事、组织等部门力量共同实施，特别是要把实施“绿色证书”工程作为农科教育统筹规划，加强“三农”协作。

16. 取得“绿色证书”的农民有哪些权利和义务？

取得“绿色证书”的农民有以下权利。

一是优先进行项目承包，尤其是有规模的项目承包。

二是优先获得生产资料、贷款，以及技术和市场信息。

三是参加县、乡组织的农业技术培训、讲座和其他技术交流活动。

四是申请评定农民技术职称。

五是优先选拔为农村基层干部或农业社会化服务体系成员。

六是可作为有实践经验的农民，优先报考高中等农业院校。

取得“绿色证书”者须履行以下义务。

一是政治思想和职业道德方面所规定的义务。在农民技术岗位规范中提出，持证人员要拥护党的农村政策，遵纪守法，正确处理国家、集团、个人三者的关系等要求。

二是作为农民中的技术骨干应履行的义务。如协助农民技术人员开展农业技术示范、推广工作；带头在自己承包的项目中应用新技术；带头发展产业、开发拳头产品，依照科技致富；向农民传授技术和进行技术服务工作等。

17. “绿色证书”培训教材有哪些类型？填写培训教材有哪些原则？

“绿色证书”培训使用三类教材：一类是全国统编的《农业基础知识》《畜牧兽医基础》《农家经营管理》等专业基础课及经营管理教材；第二类是全省统编的《农户综合生产技术》《作物栽培》《作物良种繁育》《蔬菜栽培》《果茶栽培》《植物病虫害防治》《土壤与肥料》《畜禽饲养》等专业课教材；第三类为各地自编的补充教材，实用农业新技术专题材料和其他岗位（如淡水养殖、蚕桑、烟叶、药材、农村能源、环保等)的专业课试用教材。

各地自编“绿色证书”培训教材时应遵循以下原则:一是与培训目标相一致的原则。“绿色证书”培训的任务是培养骨干农民,与中等农业教育相比所学理论知识要浅,与实用技术培训相比要更加规范、系统一些,不单知其然,还要知其所以然。也就是说,“绿色证书”培训教材不能照搬学历教育从理论基础知识讲起的教学模式,对生产环节的技术、原理只能讲一个为什么,不能打破砂锅问到底;同时,又要讲一些与生产或管理技能密切相关的基本知识,使农民学习以后能够了解其中的道理。二是与学员的文化程度相适应的原则。“绿色证书”学员的起点文化程度是初中毕业,但实际上,具有初中文化程度的农民远远未能达到现在初中教科书的知识水平。因此,培训教材不应以初中教科书为起点。根据经验,以现有小学教科书的毕业水平作为编写“绿色证书”培训教材的起点,比较符合实际。三是操作性与系统相结合的原则。“绿色证书”培训教材着重培养农民的技术和生产操作技能,在此基础上建立各个具体岗位的教材体系。四是传授知识与推广技术相结合的原则。教材要尽可能反映当前及今后推广的农业科技成果和技术进步水平,各地应结合推广工作实际,编写一些地方性补充教材。五是科学性与可读性相结合的原则。

小贴士

作为教材,首先要保证科学性,做到概念准确,数据可靠,表述清楚,逻辑合理。此外,还要具有可读性,做到文字简练,通俗易懂,图文并茂,循序渐进,以激起农民学习的兴趣。

18. “绿色证书”培训的形式有哪些?培训如何与生产过程相结合,做到按需施教?

“绿色证书”培训一般有以下几种形式。

一是函授和自学。“绿色证书”学员大多数已经具有一定的文化基础和生产实践经验,对一些通过自学能够理解的章节和内容,应当鼓励自学,以充分发挥参训农民的主观能动性。

二是集中面授和现场教学。这是“绿色证书”培训的一种主要形式。由于农民的事业辛苦,家务负担重,完全依靠自学对大多数人来说是很困难的。特别是农业科学技术的实践性比较强,需要通过面授和现场教学解决学习和生产实践中的困难,以激发农民的创造性和掌握应用科学技术的积极性。

三是通过电视、广播、网络进行教学。这种形式可以克服时间和空间的限制,也解决了师资力量不足的问题,给农民学习带来方便。但这种培训需要相应条件,教学检查比较困难。各地在“绿色证书”培训过程中,应根据实际情况将上述培训形式交叉使用,以取得好的实际培训效果。

农民最讲实际,“绿色证书”培训能否与生产实际相结合,做到按需施教,直接关系到培训的成败。根据试点示范单位的经验,一般应把“绿色证书”培训与农事季节结合起来,按照各个生产环节的需要,提前1~2周讲授下一阶段的生产技术措施和相关的基础知识。这样,完成了一个生产周期,学员也学完了该岗位的主要专业课程。此外,教师在教学过程中应灵活调整课程内容和进度,使教学内容与生产过程一致起来。总之,坚持理论、技术联系实际与学用结合,是“绿色证书”培训的一项基本原则。

19. 什么是“农业实用技术职称”？农业实用技术职称评(认)定的范围及专业有哪些？

农业实用技术职称是对从事农业实用技术工作人员的水平能力和业务贡献的相应称号。凡在农业生产一线从事种植业、畜牧业、渔业、其他养殖业、农副产品加工业、农业机械化、农业财会与经营管理、农村能源、农业环境保护等行业的农村实用技术人员，符合条件的，均可参加评(认)定。

农业实用技术职称评(认)定范围适用于在市乡(镇)、村、组等农业生产一线直接从事农业、畜牧、工程(林业、农机、水利、水保、农电、水产、农村能源、农业环境保护)等专业技术工作的农村实用技术人员。取得农业实用技术职称的人员，表明其已具备承担相应技术工作的专业知识和技能水平。农业实用技术职称按专业技术工作特点分为农业工程、农艺(种植技术)、畜牧(养殖技术)、农牧产品加工、经营服务等五个专业，各专业适用范围如下。

(1)从事林业、农机、水利、水保、农电、水产、农村能源、农业环境保护专业技术工作的人员。

(2)从事技术试验、示范，技术推广、应用等种植专业技术工作的人员。

(3)从事畜牧(牛、羊、猪、马、驴、骡、兔)、家禽(鸡、鸭、鹅)、蜂和特种经济动物的饲养管理、畜禽繁殖、饲料生产与加工、环境保护与动物卫生保健及相关方面专业技术工作的人员。

(4)从事农牧产品加工技术工作的人员。

(5)从事运输、营销、中介服务行业的农村经纪人才。

专家提示

农业实用技术职称的等级设置为：初级、中级、高级。各等级分别对应的技术职称为初级：农技推广员、助理农技师；中级：农技师；高级：高级农技师。

开展评(认)定农业实用技术职称的目的是为加强农业实用技术人才队伍建设，提高农村劳动力整体素质，促进农业和农村经济社会协调发展，对社会主义新农村建设，实施科技兴农战略，发展农村经济具有重要意义。

20. 获得农业实用技术职称的人员享有哪些权利？

农民在获得农业实用技术职称后，在从事农业生产过程中享受的政策优惠和权利主要有：

(1)符合评审农业技术职务任职资格业绩条件的可申报评审相应的农业技术职务任职资格。业绩特别突出的，可由各地区实用技术职称初级、中级评(认)定委员会直接向上级农业实用技术职称高级评定委员会推荐评审高级农业技术职务任职资格。

(2)对做出突出贡献并取得高级农业实用技术职称的人员，可推荐参加各类优秀专家、乡土拔尖人才的评审选拔。

(3)取得高级农业实用技术职称的人员，可作为项目第一负责人申报省外专局引进国外人才项目或农业引智成果示范推广项目。

(4)受聘在基层单位工作的人员，享有与聘任单位平等签约的权力。

(5)乡镇农业基层服务组织和集体单位在农村招聘农技人员时，优先从具有相应农业技术称号的人员中挑选。

(6)在进入农村人才市场进行人才引进、交流和劳务输出时,优先选拔推荐。

(7)优先与单位或农户签订有偿服务技术承包、技术指导、技术培训和推广合同。

(8)优先参加技术培训、讲座、交流、进修或应邀参加有关学会、协会、研究会的学术活动,或应聘到外地传授技术。

(9)优先获得有关部门提供的学术技术资料、信息等,优先参与农业开发项目和获得贷款。

参考文献

常明昌,2002. 食用菌栽培[M]. 北京:中国农业出版社.
陈军勇,2010. 农药安全使用[M]. 北京:中国农业出版社.
崔淑文,杨曙明,1999. 真假饲料的判别[M]. 北京:中国计量出版社.
邓俊良,2007. 兽医临床实践技术[M]. 北京:中国农业大学出版社.
郭德宝,2009. 现代农业知识读本[M]. 银川:宁夏出版社.
郭美英,2000. 中国食用菌栽培学[M]. 北京:中国农业出版社.
韩俊文,1999. 养猪学[M]. 北京:中国农业出版社.
胡松华,2002. 观赏凤梨[M]. 北京:中国林业出版社.
黄年来,1993. 中国食用菌百科[M]. 北京:中国农业出版社.
李国江,2003. 动物普通病[M]. 北京:中国农业出版社.
李丽立,杨坤明,2002. 现代生物技术与畜牧业[M]. 北京:科学出版社.
林兵,黄敏玲,2003. 观赏凤梨生产现状及商品性栽培技术[J]. 福建农业科技,(1):27-28.
刘竑,1992. 家庭实用插花 150 例[M]. 广州:广东科技出版社.
秦俊哲,吕嘉枥,2003. 食用菌栽培学[M]. 咸阳:西北农林科技大学出版社.
王贺祥,2004. 食用菌学[M]. 北京:中国农业大学出版社.
吴国兴,2007. 草莓保护地栽培[M]. 北京:金盾出版社.
张松,2000. 食用菌学[M]. 广州:华南理工大学出版社.
张照,1991. 中国太湖猪[M]. 上海:上海科学技术出版社.
周清,衣彩洁,李保明,2003. 可食用观赏植物[M]. 北京:科学技术文献出版社.
朱金凤,王怀友,2007. 兽医临床诊疗技术[M]. 郑州:河南科学技术出版社.
朱燕,夏玉宇,2003. 饲料品质检验[M]. 北京:化学工业出版社.